I0072849

Der
praktische Gasfachmann

Ein Handbuch für Gaswerksbetrieb
und Gasabgabe

von

JOSEF GÜLICH, JENA

Gas- und Wasserwerksdirektor

Mit 45 Abbildungen

MÜNCHEN UND BERLIN 1939

VERLAG VON R. OLDENBOURG

Druck von R. Oldenbourg, München

Printed in Germany

Vorwort.

Auf Veranlassung des Verlages R. Oldenbourg-München habe ich eine Neubearbeitung des von dem verstorbenen Gaswerksdirektor Edwin Othmer herausgegebenen Buches: „Der praktische Gasfachmann" vorgenommen. Die nähere Durchsicht ergab, daß infolge der fortgeschrittenen Gastechnik eine weitgehende Umarbeitung erfolgen mußte. Bei dem beschränkten Umfang, den das Werkchen beibehalten sollte, konnte vieles nur kurz erläutert oder beschrieben werden, manches mußte wegfallen oder war nur anzudeuten. Trotzdem hoffe ich, daß das Buch als ein kleines Nachschlagewerk freundliche Aufnahme findet; in dieser Hoffnung übergebe ich es den Fachgenossen.

Jena, Juni 1938.

Gülich.

Inhaltsverzeichnis.

— 6 —

Schrifttum.

Bertelsmann, W. Lehrbuch der Leuchtgasindustrie. 1. Band: Die Erzeugung des Leuchtgases. 1. Aufl. F. Enke, Stuttgart 1911.

Betriebsvorschriften für Gaserzeugungsöfen der Dessauer Vertikalofen-Gesellschaft und der Stettiner Chamotte-Fabrik vorm. Didier, Berlin-Wilmersdorf.

Bubnoff, S. v. Geschichte und Bau des deutschen Bodens. 1. Aufl. Borntraeger, Berlin 1936.

Bunte, K. Retortenöfen und deren Kontrolle. Journal für Gasbeleuchtung und Wasserversorgung 51 (1908), S. 785/790.

Taschenbuch für das Gas- und Wasserfach. (Früher Kalender für das Gas- und Wasserfach, Teil II.) R. Oldenbourg, München.

Kukuk, P. Unsere Kohlen. 2. Aufl. B. G. Teubner, Leipzig 1920.

Ruhrkohlen-Handbuch. Hrsg. vom Rhein.-Westf. Kohlensyndikat. 3. Ausgabe. J. Springer, Berlin 1937.

Schäfer, A. Einrichtung und Betrieb eines Gaswerkes. 4. Aufl. R. Oldenbourg, München 1929.

I. Gaserzeugung, Apparatenanlage, Anfallprodukte, Kontrolle und Untersuchung.

A. Die Steinkohlen.

1. Entstehung der Kohlen und Kohlenarten.

Die Steinkohlen sind organischen Ursprungs, zumeist aus pflanzlichem Material entstanden; sie sind ein Erzeugnis der Sonnenenergie.

Die Kohlenbildung war früher heiß umstritten, heute dürfte die Frage als weitgehend geklärt angesehen werden können.

Bei ungehindertem Luftzutritt verfallen abgestorbene Lebewesen der Verwesung; unter Mithilfe von Bakterien und Pilzen lösen sie sich bis auf die Skeletteile in gas- und dampfförmige Stoffe auf; bei beschränktem Luftzutritt und unvollständiger Zersetzung verfallen sie der Vermoderung, ein fester kohlenstoffhaltiger Rest bleibt zurück. Bei völligem Luftabschluß tritt Fäulnis ein, eine Art langsamer Destillation bei niedriger Temperatur, wobei Kohlenwasserstoffe abgeschieden, aber Kohlenstoff, Stickstoff und Fettstoffe angereichert werden.

Ein wesentlicher Vorgang bei der Kohlenbildung ist die Vertorfung, eine Verbindung von Vermoderung und Fäulnis. Bei teilweisem Luftabschluß unter Wasser vertorft die Pflanzensubstanz, es spalten sich CO_2 und H_2O ab, ein Vorgang, den wir auch heute in der Natur beobachten können. Bei weiterer Absenkung und Luftabschluß tritt die Inkohlung ein, die sich über lange geologische Zeiträume erstreckt. Die Pflanzensubstanz verliert zunächst immer mehr an Wassergehalt und an Kohlensäure, dann verflüchtigen sich Kohlenwasserstoffe, besonders Methan, CH_4, der Kohlenstoff aber reichert sich auf Kosten des Sauerstoffs und Wasserstoffs an; es entsteht ein Gestein, das immer kohlenstoffreicher wird.

Rein chemisch können diese Vorgänge als Gärungsprozesse angesehen werden, bei welchen aus den Elementen der ursprünglich vorhandenen Holzsubstanz, C, H, O, N, Wasser (H_2O), Kohlensäure (CO_2) und schließlich Methan oder Grubengas (CH_4) abgespalten werden. Sie gehen nicht scharf getrennt in der Natur vor sich, sondern sind durch Übergänge miteinander verbunden; auch ist bei dem Endprodukt von Einfluß, ob die Urstoffe bei der Umwandlung mehr dem einen oder anderen der genannten Zersetzungsvorgänge unterworfen waren.

So bildet sich aus den Pflanzen zunächst der Torf, dann die noch wasserreiche, weniger feste Braunkohle, im weiteren Verlaufe der Inkohlung die Flammkohle, die Fettkohle, schließlich die Magerkohle und zuletzt der Anthrazit. Der Anthrazit ist also die letzte Stufe der Inkohlung, die Kohle mit dem höchsten Kohlenstoffgehalt und hohem

Heizwert, aber fast ohne Gas. Wir verstehen schon jetzt ursächlich, warum sich nicht jede Kohle für die Gasherstellung eignet, doch kommen wir darauf noch näher zurück.

Unsere reichen Kohlenlager entstammen somit vorwiegend pflanzlichen Ablagerungen einer längst vergangenen Erdzeit, die geologisch Karbon- oder Steinkohlenzeit genannt wird. Sie mag etwa 350 bis 400 Millionen Jahre zurückliegen. Zwar hat nicht nur sie die Bildung von Kohlenlagern ermöglicht, wir finden solche bis weit hinauf in jüngeren Schichten und können sie auch heute noch in den Torfmooren beobachten, aber die Karbonzeit erzeugte die reichsten Lager.

Bei den Steinkohlen unterscheiden wir nun Glanzkohle und Mattkohle. Erstere entstammt den Resten von Landpflanzen, letztere aber Kleinlebewesen des Wassers und zugeschwemmten Pflanzenresten. Die Kohlen sind kein einheitliches Gebilde, sondern eine höchst komplizierte Zusammensetzung sauerstoff- und wasserstoffarmer fester Kohlenwasserstoffverbindungen.

Bei vielen, vielleicht dem größten Teil der Steinkohlen, findet man eine Wechsellagerung von glänzenden und matten Streifen, d. i. die Streifenkohle. Wie die chemische und mikroskopische Untersuchung lehrt, handelt es sich hier um Lagen von Humus- (Landpflanzen-) Kohle und Faulschlamm-(Matt-)Kohle; an den Streifen können wir also einen ständigen Wechsel in der Bildung von Humus (Landpflanzen) und Faulschlamm in jener Zeit erkennen.

In der Steinkohlenzeit wird eine schon vorher aufgetretene Bodenunruhe immer stärker, es bildet sich schließlich ein großes mitteleuropäisches Gebirge, das das variszische genannt wird. Es verläuft in mehreren Wellen durch Deutschland, eine nördliche von den Ardennen über das rheinische Schiefergebirge zum Harz, die im Osten wahrscheinlich unter der norddeutschen Tiefebene verschwindet, und eine südliche, die sich vom Wasgenwald und Schwarzwald nach dem Fichtel- und Erzgebirge und weiter durch die Lausitz nach den Sudeten zieht. Vor der nördlichen Welle lag eine Niederung, die zeitweise infolge Senkung vom Meere überflutet wurde, bei Stillstand der Bewegung aber trocken lag. Klimatisch begünstigt durch Wärme und Feuchtigkeit, entstand hier eine üppige Pflanzenwelt von Moor und Wald. Hohe Bärlappgewächse und Schachtelhalme, baumförmige Farne entwickelten sich in schneller Folge. Gewaltige Ströme brachten vom Gebirge her wertvolle Nährstoffe für den Boden; bei weiterer Senkung aber auch gewaltige Schuttmassen, die die Pflanzenwelt wieder begruben. In einer neuen Ruheperiode setzte das Wachstum wieder ein, und so entstand durch das Wechselspiel von Senkung, Überflutung, Ruhe, Zuschüttung eine bis zu 5000 m mächtige Schichtenfolge, in der im Ruhrgebiet unsere Kohlenflöze liegen, etwa 100 abbauwürdige von 1 bis 2 m Mächtigkeit, und noch viele von geringerer Stärke. Gleichartiger Entstehung sind die Kohlenlager Oberschlesiens.

Im Inneren des Gebirges bildeten sich in den Senken auf ähnliche Weise Wald und Moore, aber in geringerem Ausmaß und ohne Verbindung mit dem Meere; so entstanden die Kohlenflöze im Saargebiet, in Niederschlesien und in Sachsen.

2. Gesamtmenge der Kohlenvorräte und Einteilung der Kohlenarten.

Sehr wichtig ist in vorstehendem Zusammenhang auch die Frage, wie lange noch die Kohlenvorräte ausreichen. Nach den Erörterungen auf der Weltkraftkonferenz in London 1924 kann man den Kohlenvorrat auf der Erde noch für etwa 6000 Jahre schätzen; wenn aber die Industrialisierung und der Kohlenverbrauch in gleichem Maße wie bisher fortschreiten, dürfte der Vorrat schon in 2000 Jahren erschöpft sein. 2000 oder 6000 Jahre sind aber im Hinblick auf die unvergleichlich längere Zukunft des Menschengeschlechts eine erschreckend kurze Zeit. Man erkennt, wie inhaltsschwer die alte Warnung ist: Rohkohle verfeuern ist barbarisch! Die Kohle ist ein Rohprodukt, das wie Erzgestein aufgeschlossen werden muß, um die in ihr schlummernden wertvollen Bestandteile, auf denen sich fast unser gesamtes wirtschaftliche und kulturelle Leben aufbaut, zu gewinnen. Ersatz für die Kohle kennen wir noch nicht; erst in unklaren Umrissen zeigen sich Möglichkeiten, aus natürlichen Vorgängen (Ebbe und Flut, Sonnenstrahlung, Bewegung der Erdkruste, Wind u. a.). Energie und daraus Wärme zu gewinnen, aber die Lösung dürfte noch sehr lange Zeit beanspruchen. So müssen wir mit den Kohlen haushälterisch umgehen; die beste Ausnutzung aber, die wir bis heute kennen, ist ihre Ver- und Entgasung, und es ist kein Selbstzweck, wenn der Gasfachmann die Gaserzeugung und -verwendung propagiert, sondern hoher Allgemeindienst.

Die Ausführungen über die Entstehung der Kohlen ließen schon erkennen, daß je nach den Altersstufen der Flöze der Kohlencharakter verschieden sein muß. Es gilt, die natürlich gegebene Beschaffenheit der Kohle den verschiedenen Wegen der Wärmeerzeugung anzupassen. So ist es auch für den Gasfachmann wichtig, die für seine Zwecke günstigste Kohlensorte zu verwenden.

Über Einteilung, Kennzeichnung und Vorkommen der Steinkohlenarten bzw. der deutschen Steinkohlenarten geben folgende Zusammenstellungen[1]) einen Überblick:

3. Allgemeine Einteilung der Steinkohlenarten nach dem Verhalten bei der Verkokung.

	Koksbeschaffenheit
Sandkohlen	pulvrig
Gesinterte Sandkohlen	gesintert, z. T. locker
Sinterkohlen	gesintert
Backende Sinterkohlen	gebacken, gebläht, zerklüftet
Backkohlen	stark gebacken, fest, gebläht

---

[1]) Entnommen dem Ruhrkohlen-Handbuch 1937, 3. Aufl., S. 93 und 94.

4. Kennzeichnung und Vorkommen der deutschen Steinkohlenarten.

Gehalt der Reinkohle an flüchtigen Bestandteilen in %	Kohleart		Beschaffenheit des Kokses u. der flüchtigen Bestandteile	Hauptvorkommen
	Einteilung nach der Tiegelprobe	Handelsbezeichnung		
44–36	Trockene oder Sinter-Steinkohle	Flamm- und Gasflammkohle	Koks gesintert, zum Teil locker, Gas matt mit langer Flamme	Ruhr, Saar, Oberschlesien und Sachsen
34–28	Backende, fette Steinkohle	Gaskohle (Saarfettkohle)	Koks gebacken, zerklüftet, Gas fett, lange Flamme	Ruhr, Saar und Niederschlesien
26–20		Fett- oder Kokskohle	Koks stark gebacken, fest, Gas fett, mittellange stark leuchtende Flamme	Ruhr, Aachen und Niederschlesien
18–12	Halbfette oder Sinter-Steinkohle	Esskohle	Koks gesintert, Gas halb-fett, kurze wenig leuchtende Flamme	Ruhr, Aachen und Niedersachsen
10–8	Magere Steinkohle	Anthrazit	Koks pulvrig, Gas mager, kurze nicht leuchtende Flamme	Ruhr und Aachen

In Anlehnung an die Kohleneinteilung nach Schondorff. Z. Berg-, Hütt.- u. Salinenw. 1875 S. 135.

5. Einteilung der Steinkohlenarten des Ruhr-, Aachener und Saarbergbaues nach dem Gehalt an flüchtigen Bestandteilen.

Steinkohlenarten	Koksbeschaffenheit	Vorkommen
Gasflammkohlen mit etwa 35 bis 40% fl. Bestandteilen in der Reinkohle .	gesintert, z. T. locker	Ruhr
Gaskohlen mit etwa 30 bis 35% fl. Bestandteilen in der Reinkohle	gebacken, zerklüftet	Ruhr
Fettkohlen mit etwa 19 bis 30% fl. Bestandteilen in der Reinkohle	stark gebacken, fest	Ruhr, Aachen
Esskohlen mit etwa 13 bis 19% fl. Bestandteilen in der Reinkohle	gesintert, z. T. locker	Ruhr, Aachen
Anthrazitkohlen mit etwa 7 bis 12% fl. Bestandteilen in der Reinkohle . . .	pulvrig	Ruhr, Aachen
Saarflammkohlen mit etwa 38 bis 42% fl. Bestandteilen in der Reinkohle .	gesintert, z. T. locker	Saar
Saarfettkohlen mit etwa 31 bis 40% fl. Bestandteilen in der Reinkohle . . .	gebacken	Saar

6. Kohlen für Gaswerke und Mischen verschiedener Kohlenarten.

Für die Gaswerke eignen sich am besten solche Kohlen, die außer einer hohen Gasausbeute auch einen hochwertigen Koks und guten Teer ergeben. Es sind das vorwiegend Kohlen mit einem Gehalt an flüchtigen Bestandteilen von 30 bis 40%, bezogen auf wasser- und aschefreie Substanz. Starkgasende Kohle, die aber einen weniger festen Koks liefert, kann durch geeignete Mischung mit einer älteren, einen festen Koks erzeugenden, so günstig in ihrem Ergebnis beeinflußt werden, daß neben einer hohen Gasausbeute auch ein guter Koks gewonnen wird. Wie die Ergebnisse der Praxis zeigen, sollte auf das geeignete Mischen verschiedener Kohlensorten stets besonderer Wert gelegt werden. Es kann dadurch die Wirtschaftlichkeit eines Werks erheblich gefördert werden, so daß es sich vielfach lohnt, hierfür besondere Einrichtungen zu treffen. Welches das beste Mischungsverhältnis ist, erprobt das Werk am zweckmäßigsten durch eigene Versuche. So ist es ihm auch möglich, frachtgünstige Kohlen zu beziehen, die für sich allein weniger geeignet wären, aber durch Mischung mit anderen Sorten gut verwendbar werden. Je älter die Kohlen sind, einen desto festeren Koks ergeben sie.

B. Die Untersuchung der Kohlen und ihre Lagerung.

Für die Untersuchung von Kohlen in bezug auf ihre praktische Verwendbarkeit und Ergebnisse gibt den besten Anhalt eine Probeentgasung im laufenden Betriebe; Laboratoriumsversuche können den Verhältnissen der Praxis nur angenähert Rechnung tragen, infolgedessen weichen ihre Ergebnisse oft wesentlich von den nachher im praktischen Betriebe erzielten ab. Größere Gasanstalten errichteten früher eigene Versuchsgaswerke, um den Wert einer Kohle hinsichtlich Gasausbeute und Anfallprodukten festzustellen.

Die chemische Untersuchung der Kohlen erstreckt sich auf:

Wasserbestimmung,
Aschebestimmung,
Verkokungsprobe,
Elementaranalyse,
Schwefelbestimmung,
Stickstoffbestimmung,
Sauerstoff-Feststellung,
Heizwertbestimmung.

Für den praktischen Betrieb genügt zwecks Überwachung der Lieferungen die Bestimmung des Wassergehalts, der Asche, die Verkokungsprobe und die Schwefelbestimmung. Die Bestimmungen werden, abgesehen von der der groben Feuchtigkeit, mit feingemahlener lufttrockener Kohle durchgeführt.

Für eine stichhaltige Untersuchung ist die Entnahme einer richtigen Durchschnittsprobe unumgänglich notwendig. Das Gasinstitut Karlsruhe gibt hierfür folgende Anweisung:

„Von dem zu prüfenden Material (Kohlen- und Koksproben) wird beim Abladen oder Beladen eines Waggons jede zwanzigste oder dreißigste Schaufel beiseite in Körbe oder Eimer geworfen, wobei darauf zu achten ist, daß das Verhältnis von großen und kleinen Stücken in der Probe dem Verhältnis in der Gesamtmenge entspricht. Bei grobstückigem Material soll diese erste Probe keinesfalls unter 300 kg betragen. Die Rohprobe im Gewicht von 5 bis 10 Zentner wird auf einer festen reinen Unterlage, am besten auf Eisenunterlage (evtl. auf Beton, Steinfließen, Bohlen, z. B. dem Boden eines leeren Waggons od. dgl.) ausgebreitet und bis zur Walnußgröße kleingestampft. Dabei ist zu beachten, daß die Stücke beim Zerschlagen in der Probe bleiben müssen und vor allem die schwerer zerschlagbaren Schiefer besonders gut zerkleinert werden. Holzstücke, Kieselsteine und Körper, welche dem zur Untersuchung stehenden Material nicht eigen sind, müssen entfernt werden, keinesfalls aber dürfen Schiefer oder andere Unreinheiten, welche dem Material angehören, ausgelesen werden. Nach dem Zerkleinern wird das Material durch wiederholtes Umschaufeln nach Art der Betonbereitung gemischt, quadratisch zu einer Schicht von 8 bis 10 cm Höhe ausgebreitet und durch die beiden Diagonalen in vier Teile geteilt. Das Material in zwei gegenüberliegenden Dreiecken wird beseitigt, der Rest noch weiter zerkleinert, etwa auf Haselnußgröße, gemischt und abermals zu einem Viereck ausgebreitet, das in gleicher Weise behandelt wird. Vor jeder Teilung muß das Material so weit zerkleinert sein, daß die Probe auch dann nicht beeinflußt wird, wenn das größte Stück ein reiner Stein wäre und ungeteilt in die weiter zu verarbeitende Probemenge käme. Also darf das größte Stück höchstens etwa $1/4000$ der Probe wiegen. (Liegen z. B. 300 kg Probe, so darf das größte Stück nur 75 g wiegen usw.) In dieser Weise wird die Probe weiter geteilt, bis eine Probemenge von etwa 10 kg übrigbleibt, welche in gut verschlossenen Gefäßen zur Untersuchung verschickt werden.

Ist der Wassergehalt maßgeblich, so ist die Probe sofort nach oder vor Feststellung des Gesamtgewichtes der Ladung zu entnehmen, zu verarbeiten und luftdicht zu verpacken. Bei sehr hohen Wassergehalten empfiehlt es sich, die ganze erste Probe von 300 kg z. B. sofort genau zu wägen, an trockener reiner Stelle auszubreiten, bis sie trocken ist, dann zurückzuwägen, die kleine Probe in der angegebenen Weise zu ziehen und bei Einsendung den ermittelten Wasserverlust anzugeben. Man vermeidet auf diese Weise, daß die Probe während der Aufarbeitung Wasser verliert.

Liegen die Kohlen auf Lager, so sind mindestens an zehn verschiedenen Stellen Proben von je 25 bis 30 kg zu entnehmen, die zusammengeschüttet zur Durchschnittsprobe verarbeitet werden. Je ungleichmäßiger nach Stückgröße, Steingehalt und Feuchtigkeit die Kohle ist, desto größer ist diese erste Probe zu nehmen und desto sorgfältiger muß die Zerkleinerung und Mischung von Anfang an sein, um einen guten Durchschnitt zu erhalten.“

Bei der Bestimmung des Wassergehaltes unterscheidet man die „grobe Feuchtigkeit“ und das „hygroskopische Wasser“. Erstere entstammt dem durch Adhäsion und Kondensation an der Oberfläche der Kohle festgehaltenen Wasser; das hygroskopische Wasser wird durch Molekularanziehung an den Porenwänden festgehalten. Die „grobe Feuchtigkeit“ verdunstet in einem lufttrockenen Raume, das hygroskopische Wasser aber muß durch besondere Wärmeeinwirkung ausgetrieben werden. Beide zusammengenommen stellen den Gesamtfeuchtigkeitsgehalt der Kohle dar.

Zur Bestimmung der groben Feuchtigkeit wird die wie beschrieben zerkleinerte Durchschnittsprobe gewogen, in einem lufttrockenen Raum mittlerer Temperatur auf einer nicht besonders hygroskopischen Papierunterlage sauber ausgebreitet und 48 h liegen gelassen, evtl. länger. Dann wird sie zurückgewogen; die Gewichtsdifferenz ergibt die „grobe Feuchtigkeit“. Für die Bestimmung nimmt man etwa 3 bis 4 kg der Durchschnittsprobe. Die Waage muß noch 1 g genau anzeigen.

Zur Bestimmung des hygroskopischen Wassers wird 1 g der feingemahlenen, lufttrockenen Kohlenprobe in einem tarierten Wägegläschen von 4 cm Durchmesser und $2\frac{1}{2}$ cm Höhe 2 h lang in einem Trockenschrank bei 105^0 getrocknet. Man verschließt dann das Gläschen sofort mit dem eingeschliffenen Stopfen, der neben ihm im Trockenschrank liegt, und läßt es langsam abkühlen; hierauf wird nach kurzem

Öffnen des Stopfens der Gewichtsverlust festgestellt, der dem Wassergehalt entspricht.

Für praktische Vergleichszwecke genügt ein einfacheres Verfahren zur Bestimmung des Gesamtfeuchtigkeitsgehaltes. Von der
Durchschnittsprobe wird 1 kg im Trockenschrank (Abb. 1) etwa 5 h

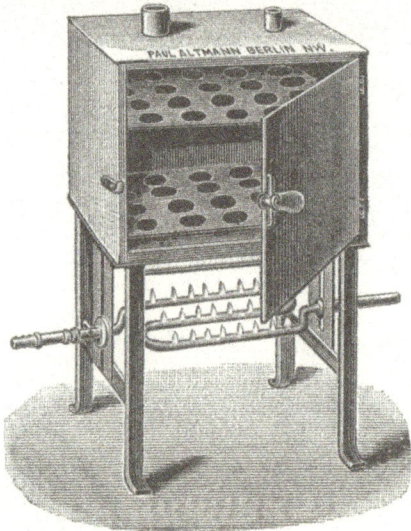

Abb. 1.

lang bei 105 bis 110⁰ getrocknet; der Gewichtsverlust nach Abkühlung
ergibt den ungefähren Gesamt-Feuchtigkeitsgehalt.

Beispiel.

Gefäß + feuchte Kohle	= 2001,8 g
Gefäß leer	= 967,5 g
Feuchte Kohle	1034,3 g
Gefäß + feuchte Kohle	= 2001,8 g
Gefäß + getrocknete Kohle	= 1895,9 g
Gesamt-Feuchtigkeit	= 105,9 g

$$\text{oder} \quad \frac{105,9 \times 100}{1034,3} = 10,23\%.$$

Die obere Grenze des Gehalts an hygroskopischem Wasser beträgt
bei Gaskohlen 3 bis 4%. Bei diesem Gehalt erscheinen die Kohlen
äußerlich trocken.

Zur Aschebestimmung wägt man 1 g des zu untersuchenden Kohlenpulvers in ein tariertes flaches Platin-, Porzellan- oder Quarzkästchen ein, breitet es gleichmäßig auf dem Boden aus, und erhitzt mit einem Bunsenbrenner das auf einem Drahtdreieck liegende Kästchen zunächst mit kleiner Flamme allmählich von der Seite her, um ein Zusammenschmelzen des Kohlenpulvers zu vermeiden. Aus diesem Grunde ist es auch zweckdienlich, das Kästchen anfangs mit einem Glimmerblättchen teilweise zu verdecken, um dem Sauerstoff keinen vollen Zutritt zu gewähren. Ist die Entgasung beendet, wird das Glimmerblättchen entfernt, die Flamme verstärkt und solange erhitzt, bis keine schwarzen Teilchen mehr in der Asche sichtbar sind und das Gewicht des Kästchens nicht mehr abnimmt. Während des Versuchs kann man auch das Pulver zeitweise mit einem Platindraht zwecks Verhinderung des Zusammenbackens vorsichtig umrühren. Statt des Platinkästchens ist auch ein entsprechender Tiegel verwendbar, der dann zweckmäßig schräg auf das Drahtdreieck gestellt wird. Ist die Kohle vollständig verascht, so läßt man den Tiegel bzw. das Kästchen im Exsikkator erkalten und wiegt. Der Gewichtsverlust entspricht dem verbrennlichen Anteil, der Rückstand der Asche.

Beispiel.

Gefäß + Kohle = 33,491 g
Gefäß leer   = 32,491 g
Kohle = 1,000 g

Gefäß + Asche = 32,576 g
Gefäß leer   = 32,491 g
Asche = 0,085 g oder 8,50%.

Verkokungsproben geben den Koksrückstand und die Gesamtmenge der flüchtigen Bestandteile an. Sie sind nur vergleichbar, wenn sie unter gleichen Bedingungen ausgeführt werden.

Deshalb sind Vereinbarungen über die Ausführung getroffen worden. Nach einer Methode wird 1,0 g Kohlenpulver in einem tarierten Tiegel aus dünnem Metall (Platin) von wenigstens 3 cm Seitenhöhe in gleichmäßiger Schicht durch leichtes Aufklopfen auf dem Boden des Tiegels ausgebreitet. Darauf wird der Tiegel mit einem übergreifenden Deckel lose verschlossen und auf einem dünnen Drahtdreieck mit großer kräftiger Flamme eines Bunsenbrenners rasch erhitzt. Die Flamme soll 18 cm hoch sein und den ganzen Tiegel umspülen. Die Erhitzung erfolgt solange, bis die am Rande des Deckels austretende leuchtende Flamme erloschen ist. Dann entfernt man den Bunsenbrenner und läßt den Tiegel, ohne ihn zu öffnen, erkalten. Die Mündung des Bunsenbrenners soll sich bei dem Versuch etwa 6 cm unter dem Tiegelboden befinden.

Das Gewicht des Rückstandes ist die Koksausbeute, die in der Regel etwa höher (1 bis 2%) als in der Praxis ausfällt; der Gewichtsverlust ist die Menge der gesamten flüchtigen Bestandteile; man charakterisiert die Flamme, die sich bei der Verkokung zeigt, z. B. als kurz, leuchtend, nicht rußend usf.

Beispiel.

$$\begin{aligned}
\text{Tiegel} + \text{Kohle} &= 33{,}531 \text{ g} \\
\text{Tiegel leer} &= 32{,}531 \text{ g} \\
\hline
\text{Kohle} &= 1{,}000 \text{ g}
\end{aligned}$$

$$\begin{aligned}
\text{Tiegel} + \text{Koks} &= 33{,}195 \text{ g} \\
\text{Tiegel leer} &= 32{,}531 \text{ g} \\
\hline
\text{Kocksrückstand} &= 0{,}664 \text{ g} = 66{,}4\,\%.
\end{aligned}$$

Die Schwefelbestimmung wird ebenfalls im Platintiegel ausgeführt. 1 g der Kohlenprobe wird mit 1,5 g eines Gemenges aus 2 Gewichtsteilen gebrannter Magnesia und 1 Teil wasserfreiem Natriumkarbonat gemischt und im schräg auf ein Drahtnetz gestellten Platintiegel unter vorsichtigem Umrühren mit dem Platindraht erhitzt. Zur Erhitzung soll ein Spiritusbrenner verwendet werden, da bei Verwendung eines Gasbrenners die Analyse infolge des Schwefelgehaltes des Gases stets zu hohe Zahlen ergibt. Dabei darf nur ein kleiner Teil des Bodens rotglühend werden. Nach 2½ bis 3 h ist die Verbrennung der Kohle beendet, man erkennt dies an dem Übergange der Farbe des Tiegelinhaltes von grau in gelblich. Dann läßt man den Tiegel erkalten, spült seinen Inhalt in ein Becherglas und setzt Bromwasser zu, bis die Lösung gelb ist. Nun fügt man reine verdünnte Salzsäure im Überschuß zu, verkocht das Brom und fällt aus der siedenden Lösung die entstandene Schwefelsäure durch heiße Chlorbariumlösung als Bariumsulfat aus. Die Lösung wird durch ein quantitatives Filter gegeben, letzteres gut mit heißem Wasser ausgewaschen und im Platintiegel verascht; den Rückstand raucht man mit 2 bis 3 Tropfen konzentrierter Schwefelsäure vorsichtig ab, glüht, läßt erkalten und wiegt. Man erhält dadurch das Gewicht des Bariumsulfats, welches mit 0,1373 multipliziert die Menge des in 1 g Kohle enthaltenen Schwefels angibt.

Beispiel.

Angewandt: 1 g Kohle.

$$\begin{aligned}
\text{Platintiegel} + \text{Bariumsulfat} &= 32{,}6562 \text{ g} \\
\text{Platintiegel leer} &= 32{,}5310 \text{ g} \\
\hline
\text{Bariumsulfat} &= 0{,}1252 \text{ g}
\end{aligned}$$

$$0{,}1252 \times 0{,}1373 = 0{,}0172 \text{ g S} = 1{,}72\,\%.$$

In gleicher Weise läßt sich auch der Schwefelgehalt des Koks bestimmen. Zieht man diesen vom Schwefelgehalt der Kohle ab, so erhält man als Differenz die Menge des vergasbaren Schwefels, der in die Destillationsprodukte übergeht.

Da die Unterbrechung der allgemeinen Gasabgabe schwerwiegende Folgen haben kann und daher unbedingt vermieden werden soll, andererseits die Möglichkeit einer Unterbrechung der Kohlenzufuhr in Rechnung zu stellen ist, sind die Gaswerke genötigt, einen größeren Kohlenvorrat aufzuspeichern, der dem dreimonatigen Höchstbedarf des Werkes entspricht, d. s. etwa 30% des gesamten Jahresbedarfs. Dieser Lagervorrat bedingt an sich erhöhten Lohnaufwand und Zinsverlust, die längere Lagerzeit hat aber auch eine Wertminderung der

Kohle hinsichtlich der Gasausbeute und der Koksbeschaffenheit zur Folge. Das Verhalten der Kohlen ist hierbei nach Herkunft und Sorte nicht einheitlich, auch spielt die Körnung eine Rolle. Die in Betracht zu ziehenden Ursachen sind die atmosphärischen Einflüsse, insbesondere des Sauerstoffs. Man hat die Verluste an Ausbeute zahlenmäßig festzustellen versucht, die Ergebnisse schwanken in weiten Grenzen. Man kann den Ausbeuteverlust nach mehrmonatiger Lagerung in überdeckten Räumen auf etwa 4% schätzen, bei Feinkohlen infolge ihrer weit größeren Oberfläche auf etwa 6%; im Freien erhöht sich der Verlust. Bei durchnäßter Kohle ist auch der Verlust an Teer- und Ammoniakausbeute beträchtlich. Die Kohlen unterliegen einer fortlaufenden Zersetzung, die bereits am Flöz bzw. der gebrochenen Kohle in der Grube anfängt und sich über den Lagerplatz der Werke bis in die Retorten oder Kammern fortsetzt. Die größeren Verluste bzw. Nachteile treten in den ersten 2 bis 3 Monaten ein, dann verringern sie sich; bei den genetisch ältesten Kohlen, dem Anthrazit, ist die Beeinflussung am geringsten. Im allgemeinen dürfte es am besten sein, die ankommende Frischkohle sofort zu entgasen und nur den Überschuß zu lagern, der dann systematisch nach der Zeitdauer der Lagerung abgebaut, mit Frischkohle vermischt und der Entgasung zugeführt wird. Länger als ein Jahr sollten die Kohlen, von besonderen Verhältnissen abgesehen, nicht gelagert werden.

Man hat versucht, die Verluste durch besondere Methoden hintanzuhalten, so z. B. durch Lagerung unter Wasser oder in Behältern mit sauerstoffarmen Gasen. Zum Teil wird der Erfolg dieser Methoden bestritten, im allgemeinen aber sind sie zu kostspielig. Auf die Transport- und Lagereinrichtungen kann hier nicht näher eingegangen werden, nur allgemein sei bemerkt, daß die Lagerung der Kohlen auf überdeckten Plätzen der Lagerung im Freien vorzuziehen ist. Maschineller Betrieb für den Kohlentransport dürfte erst bei einem Jahresbedarf von mindestens 5000 t empfehlenswert sein.

Sehr wichtig ist die Art der Lagerung der Kohlen. Die Kohlen oxydieren sich; diese Oxydation erzeugt Wärme, die im allgemeinen gering ist und durch natürliche Ableitung ausgeglichen wird. Wenn jedoch örtliche Wärmestauungen auftreten, so kann sich die Kohle so erhitzen, daß sie sich zersetzt und glühend wird. Tritt nun Luft hinzu, so erfolgt eine Zündung der gasförmigen Zersetzungsprodukte, es entstehen die Brandnester. Grusreiche Kohlen neigen, insonderheit bei hohem Sauerstoffgehalt, leichter zur Selbstentzündung; haben sich Grusnester neben Stückkohlen gebildet, so daß die Luft ungehinderter zu diesen Stellen treten kann, ist die Gefahr der Selbstentzündung besonders vorhanden. Kohlen verschiedener Herkunft und Körnung, Stück- und Feinkohle, lagere man getrennt, ebenso nasse und trockene. Um bei unsortierten Förderkohlen ein Entmischen der Stück- und Feinkohle hintanzuhalten, vermeide man zu große Fallhöhen. Große Stapel sollen nicht einzeln kegelförmig nebeneinander aufgeschüttet werden, sondern Schicht auf Schicht, so daß sich eine geschlossene Oberfläche ergibt. Die Stapelhöhe richtet sich einmal nach der Eigenart der Kohle, dann aber auch nach der Lagereinrichtung, ob offene, getrennte oder geschlossene Lagerung. Sie ist sehr verschieden und schwankt von 3 bis 10 m. Das Lager ist regelmäßig zu überprüfen, ob sich Anzeichen erhöhter Erwärmung bemerkbar machen. Ein gutes Hilfsmittel hierzu sind Meßrohre, etwa 50 mm Durchmesser, die in den einzelnen Lagerräumen in nicht zu großer Entfernung voneinander angebracht werden, und die ganze Schütthöhe durchstoßen; unten sind sie durchlöchert. Durch eingehängte Thermometer ist die Temperaturhöhe in dem Kohlenstapel festzustellen. Es ist richtig, die obere Öffnung der Meßrohre lose zu verschließen. Bei etwa 60° Erwärmung ist die betreffende Stelle abzubauen.

Bei der Lagerung im Freien und der Bedienung des Lagers von Hand empfiehlt das Rheinisch-Westfälische Kohlensyndikat, die Stapel nicht über 500 t groß zu wählen; größere Läger erfordern mechanische Umschlagseinrichtungen.

C. Die Gaserzeugungsöfen.

1. Die Ofenbauarten.

Grundsätzlich können die gebräuchlichen Ofensysteme unterschieden werden in solche mit ruhender oder diskontinuierlicher Ladung und in solche mit beweglicher oder kontinuierlicher Ladung. Erstere sind die weitaus verbreitetsten. Bei letzteren, als Vertikalkammeröfen ausgeführt, wird die Kohle der Kammer oben in kurzen Zeitintervallen ununterbrochen zugeführt; die Kohle durchwandert langsam die Kammer, entgast und wird unten automatisch als Koks abgezogen.

Die Öfen mit ruhender Ladung unterscheidet man in Horizontal-Retorten-Öfen, Horizontal-Kleinkammer-Öfen, Schräg-Retorten-Öfen, Schräg-Kleinkammer-Öfen, Vertikal-Retortenöfen, Vertikalkammer-Öfen, Schrägkammer-Öfen und Horizontal-Großraumöfen. Die letzteren kommen für größere Werke, die ersteren im allgemeinen für kleinere Werke in Frage. Nach der Beheizungsweise unterscheidet man Flachgeneratoröfen, Halbgeneratoröfen und Vollgeneratoröfen. Die früher oft für Kleinwerke gebauten Roståfen ohne Luftvorwärmung werden kaum noch ausgeführt. Ihr Brennstoffverbrauch ist außerordentlich hoch; auch Flachgeneratoröfen werden nur noch ausnahmsweise gebaut.

Der Ofen ist der Hauptbestandteil eines Gaswerks. Die Kenntnis des Entgasungsverlaufs und der Ofenunterhaltung sowie mindestens die allgemeine Kenntnis des Verbrennungsvorganges ist daher unumgänglich nötig.

2. Der Verbrennungsvorgang und seine Bedingungen.

Verbrennung im eigentlichen Sinne tritt ein, wenn ein reaktionsfähiger Stoff sich mit Sauerstoff unter Licht- und Wärmeentwicklung verbindet, die Reaktion also bei erheblicher Temperatursteigerung verläuft. Die wesentlichen brennbaren Bestandteile eines jeden Brennstoffes sind Kohlenstoff und Wasserstoff; vielfach ist auch noch Schwefel vorhanden, der zu schwefliger Säure verbrennt, aber seine

Menge ist so gering, daß er praktisch für die Verbrennungsvorgänge keine Rolle spielt. Das gleiche gilt für die Oxydation des ebenfalls vorhandenen Stickstoffs. So können die Verbrennungsvorgänge auf folgende vier Rektionen des Kohlenstoffs und Wasserstoffs zurückgeführt werden:

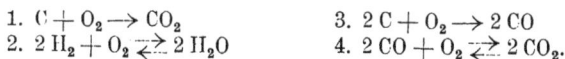

1. $C + O_2 \rightarrow CO_2$ 3. $2 C + O_2 \rightarrow 2 CO$

2. $2 H_2 + O_2 \rightleftarrows 2 H_2O$ 4. $2 CO + O_2 \rightleftarrows 2 CO_2$.

Die Reaktion zu 3), das ist die Bildung des Kohlenoxyds durch unmittelbare Verbindung des Kohlenstoffs mit Sauerstoff, ist stark umstritten. Die andere Theorie vertritt die Auffassung, daß der Kohlenstoff zunächst zu Kohlensäure verbrennt, die dann im Bereich hoher Temperaturen in Kohlenoxyd abgewandelt wird. Sie setzt also zwei Vorgänge zur Bildung von Kohlenoxyd voraus, entsprechend den Reaktionsformeln:

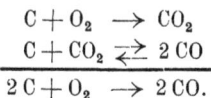

$$C + O_2 \rightarrow CO_2$$
$$C + CO_2 \rightleftarrows 2 CO$$
$$\overline{2 C + O_2 \rightarrow 2 CO.}$$

Der im Brennstoff gleichfalls vorhandene Sauerstoff wirkt thermochemisch nachteilig, weil er einen Teil des für die Verbrennung wichtigen Kohlenstoffs und Wasserstoffs bindet und dadurch den Brennwert mindert, wie auch besonders die Asche ein die Verbrennung hemmender Bestandteil ist.

Jeder Brennstoff hat eine bestimmte Entzündungstemperatur, die vorhanden sein muß, wenn die Verbrennung vor sich gehen soll. Die Entzündungstemperatur liegt für Gaskoks bei etwa 500⁰, bei Zechenkoks bei 700⁰. Ist diese Temperatur durch leichter entzündliche Brennstoffe erreicht, dann geht die Verbrennung bei entsprechender Luft- (Sauerstoff-) Zufuhr von selbst weiter. Sinkt die Temperatur z. B. durch zu schwache oder zu starke Luftzufuhr unter die Entzündungstemperatur, so wird die Verbrennung unvollständig bzw. hört ganz auf. Schon hieraus folgt, wie wichtig die richtig bemessene Luftzufuhr ist, um große Brennstoffverluste zu vermeiden. Am günstigsten wäre es, nur die zur vollständigen Verbrennung unbedingt notwendige Mindestluftmenge, die theoretische Luftmenge, zuzuführen. Das läßt sich aber in der Praxis nicht durchführen, da die erforderliche vollkommene Mischung von Luft und Brennstoffteilchen nicht immer eintritt. Es muß daher etwas Luft im Überschuß zugesetzt werden. Aus dem Kohlensäuregehalt der Abgase ergibt sich, ob die zugeführte Luftmenge bzw. Verbrennung richtig ist. Die leichte Regulierfähigkeit der Gaserzeugungsöfen läßt eine sehr gute Einstellung des Verbrennungsvorganges zu. Der Gang des Ofens ist richtig, wenn die Abgase einen CO_2-Gehalt von 18 bis 19,5% haben. Auf die richtige Einstellung der Öfen muß dauernd größte Aufmerksamkeit verwendet werden; schon ein Gewinn von 1% Unterfeuerung an Koks wirkt sich finanziell beträchtlich in einem Jahre aus.

Wir betrachten nun die Verbrennungs- und Beheizungsvorgänge in einem Vollgeneratorofen; bei einem Halbgeneratorofen sind es grundsätzlich die gleichen. Nach den bereits gemachten Ausführungen tritt eine Verbrennung ein, wenn zunächst folgende Bedingungen erfüllt sind:

1. Ein brennbarer Körper vorhanden ist,
2. Sauerstoff zutreten kann, was durch die unter Saugwirkung stehende Luft erfolgt,
3. eine genügend hohe Temperatur vorhanden ist.

Aber das genügt nicht allein. Der brennbare Körper muß auch in einer entsprechenden Formung vorhanden sein. Zu große Stücke sind verbrennungstechnisch ebenso ungünstig wie zu kleine und staubförmige, wenn diese zu dicht lagern. Es ist zu beachten, daß es zwei Rohstoffe sind, die in gegenseitige Wirkung treten: Brennstoff und Luft. Sie müssen somit auch gegenseitig in innige Berührung treten können. Das geschieht aber nur mangelhaft, wenn der Brennstoff zu dicht lagert, oder in zu großen Stücken eingebracht wird, seine Oberfläche also zu klein im Verhältnis zu seiner Masse ist. Der Brennstoff muß der Luft eine möglichst große Oberfläche darbieten, und so gelagert sein, daß er genügend freie Zwischenräume läßt, die der Luft den Zutritt zu der Oberfläche seiner einzelnen Stücke ermöglichen. Das erreichen wir durch eine geeignete Stückelung. Das Verhältnis zwischen gesamter und freier Oberfläche ist von entscheidender Bedeutung für eine gute Verbrennung, die richtige Stückelung der Kohle und des Kokses somit eine Notwendigkeit.

Bei einer Kohlenstaubfeuerung werden diese Bedingungen sehr günstig erfüllt. Das freischwebende Kohlenstaubteilchen bietet seine ganze Oberfläche der Reaktionswirkung dar, es ist die freie Oberfläche annähernd gleich der gesamten, daher auch die große Reaktionsgeschwindigkeit bei Kohlenstaubfeuerungen.

Die Zufuhr der Luft ist so zu bemessen, daß — wie bereits erwähnt — mindestens die theoretische Menge zur Verfügung steht, sonst tritt unvollkommene Verbrennung mit ihrem Verlust an Heizwirkung und Brennstoff ein. Aber es darf, wie ebenfalls bereits ausgeführt, auch nicht zu viel Luft zugeführt werden, weil sonst die Endzündungstemperatur herabgesetzt wird und das Feuer erlöschen kann. Ferner ist darauf zu achten, daß die zugeführte Verbrennungsluft nicht nur in innige Berührung mit dem Brennstoff tritt, sondern sich auch mit den aus dem Brennstoff entstehenden Gasen gut mischen kann, um eine vollkommene Verbrennung sicherzustellen. Dazu gehört weiter, daß der Feuerraum genügend groß ist, damit sich die Flamme entwickeln kann, ohne vorzeitig an kalte Wandungen zu stoßen, wodurch die Verbrennung unterbrochen werden könnte (Ausscheidung von Ruß, Auftreten unverbrannter Gase). Das gleiche kann eintreten, wenn die Oberluft bei Generatorgasfeuerung zu kalt, oder an ungeeigneter Stelle, oder in nicht genügend feiner Verteilung dem Gasstrom zugeführt wird. Auch besteht die Möglichkeit, daß sich dann ein unverbranntes Gasluftgemisch bildet, das sich plötzlich an anderer Stelle unter unliebsamen Folgen entzünden kann.

Enthält ein fester Brennstoff brennbare Gase oder Dämpfe, so werden diese durch die Erhitzung ausgetrieben. Diese Destillationsprodukte verbrennen in Flammen in Mischung mit zugeführter Luft. Das ist die „Verbrennung über dem Rost". Der auf dem Rost verbliebene brennbare Rest besteht vorwiegend aus Kohlenstoff. Durch die zutretende Luft wird dieser unter Erglühen vergast; die blauen Flämmchen, die man über einem Koksbett sieht, rühren von brennendem Kohlenoxyd her, das sich beim Durchgang der Luft durch die glühende Kohlssäule bildet. Das ist die „Verbrennung auf dem Rost" (nach Mollier). Die bei der Bildung von Kohlenoxydgas zu beachtenden Bedingungen werden später näher erörtert.

Es sind also zwei Vorgänge, die hier auftreten. Ist nur Kohlenstoff vorhanden, tritt nur der letztere in Erscheinung, d. h. die Bildung von Kohlenoxyd. Das ist bei der Koksfeuerung der Fall.

Die blauen Flämmchen, die über einem glühenden Koksbett sichtbar sind, sind also keine aus dem Brennstoff ausgetriebenen Gase oder Dämpfe, wie etwa bei der Verfeuerung von Kohle oder Holz, sondern sie rühren von der Vergasung des Brennstoffes Koks zu Kohlenoxyd her; Kohlenoxyd ist das brennbare Gas.

3. Die Generatorgaserzeugung und -Feuerung.

Diesen Verbrennungsvorgang benutzen wir zur Erhitzung und zum Betrieb unserer Gaserzeugungsöfen. Das Brennmaterial, der Koks, wird in einen Generator eingebracht. Das ist ein aus feuerfestem Material aufgemauerter Schacht, der unten durch einen Rost, auf welchem der Koks liegt, abgeschlossen ist. Ist der Koks in Glut versetzt, so bildet sich durch die zugeführte Unterluft, die Primärluft, in den untersten Koksschichten Kohlensäure $= CO_2$, das Produkt einer vollkommenen Verbrennung, ein unbrennbares Gas. Zugleich aber findet in den höher gelegenen glühenden Koksschichten infolge Mangels genügender Luftzufuhr eine „unvollkommene" Verbrennung statt, d. h. es bildet sich Kohlenoxyd $= CO$. Die in den unteren Schichten gebildete CO_2 wird beim Höhersteigen durch die glühenden Koksschichten ebenfalls zu CO reduziert, d. h., sie hat durch die Wärmeeinwirkung ein Atom Sauerstoff abgespalten, das sich mit einem anderen Kohlenstoffatom zu CO verbindet. Nicht die gesamte Menge der gebildeten Kohlensäure wird in das brennbare Kohlenoxyd überführt, aber dieser Rest ist gering bei einem gut beschickten und in genügender Temperatur gehaltenen Generator. Die Temperatur im Generator soll nicht unter 800⁰ und die Schütthöhe der glühenden Koksschicht nicht weniger als 700 bis 800 mm betragen. Diese Bedingungen sind zu beachten.

Dieses so erzeugte Generatorgas, in dem sich auch der Stickstoff der eingeführten Luft befindet, tritt nach dem Verlassen der Brennstofffüllung in den eigentlichen Feuerraum, um hier durch hinzutretende Luft, die Ober- oder Sekundärluft, völlig verbrannt zu werden. Die entstehenden hocherhitzten Rauchgase umspülen die Retorten bzw. Kammern und erhitzen sie. Die Ober- oder Sekundärluft wird in einem besonderen Kanalsystem auf etwa 800⁰ vorgewärmt, wodurch die Anfangstemperatur im Ofen nutzbringend erhöht wird. Die Vorwärmung erfolgt dadurch, daß die mit mind. 1000⁰ aus dem

Ofen in das Kanalsystem abziehenden Rauchgase der zutretenden Luft in gesonderten Kanälen entgegengeführt werden. Neben den Rauchgaskanälen liegen, durch dünne, aber dichte Scheidewände getrennt, die Luftkanäle. Die Rauchgase geben einen großen Teil ihres Wärmeinhaltes an die Kanalwandungen ab, an denen sich die vorbeistreichende Luft erhitzt.

Eine solche Einrichtung zur Wiedergewinnung von Wärme in Heizkanälen heißt Rekuperation (Wärmeaustauscher). Werden Kanäle abwechselnd mit Heißgasen und kalter Luft zwecks Wärmegewinnung beschickt, so bezeichnet man das als Regeneration (Wärmespeicher); sie wird bei Zentralgeneratorgasheizung angewandt.

Durch die Vorgänge im Generator erreichen wir eine Teilung der Verbrennung. Würde der Kohlenstoff bzw. Koks direkt zu Kohlensäure verbrannt, entstünde eine Wärmemenge von 4337 kcal je m³ CO_2. Diese Verbrennung aber fände in oder auf der Koksschicht, also in ziemlicher Entfernung von dem zu beheizenden Ofeninnern statt; die Regelung des Verbrennungsvorganges und der Wärmetönung im Ofeninnern wäre erheblich schwieriger, wie auch ein großer Teil der erzeugten Wärmemenge auf dem Wege ins Ofeninnere verloren ging. Dadurch aber, daß Kohlenoxydgas im Generator erzeugt wird, werden nur 1303 kcal je m³ CO entwickelt, und die weitaus größere Restmenge gegenüber einer vollkommenen Verbrennung, d. s. 4337 — 1303 = 3034 kcal, erst im Ofeninneren gewonnen, wenn das Kohlenoxyd durch die Sekundärluft zu Kohlensäure verbrannt wird. Wir haben dabei die Möglichkeit, die Verbrennung des Kohlenoxyds an den Stellen eintreten zu lassen, die am meisten Wärme benötigen, und nur soviel Luft zuzuführen, als unbedingt erforderlich ist. Das sind zwei große Vorzüge der Generatorgasfeuerung.

Bei der Erzeugung von CO im Generator werden für je 1 m³ rd. 2½ m³ Luft, d. i. ½ m³ Sauerstoff, benötigt. Das ist die „Unter-" oder „Primärluft".

Als „Generatorgas" erhalten wir 1 m³ CO und rd. 2 m³ Stickstoff (aus der Luft). Dieses Generatorgas erfordert zu seiner Verbrennung im Ofeninnern wiederum 2½ m³ Luft, die wir ihm als „Ober-" oder „Sekundärluft" zuführen. Hierbei ist noch grundsätzlich folgendes in Betracht zu ziehen. Durch die bei der Bildung des Kohlenoxyds entstandene Wärmemenge von 1303 kcal je m³ erhält das Kohlenoxydgas eine bestimmte Temperatur, die sich nach der Formel $\dfrac{1303}{3 \times 0{,}337}$ auf 1290⁰ errechnet.

In dieser Formel bedeutet 0,337 die mittlere spezifische Wärme des Kohlenoxydgases bei konstantem Druck (nach Neumann, Breslau) und 3 ist die Menge des entstandenen Gases, des Generatorgases, 1 m³ CO und 2 m³ Stickstoff (bei theoretischer Luftzuführung). Wir ziehen nicht in Betracht, daß durch die sich im untersten Teil des Generators zuerst bildende Kohlensäure tatsächlich eine gewisse Mehrmenge an Wärme vorhanden ist. Wenn nun dieses Generatorgas mit einer Temperaturhöhe von 1290⁰ verbrannt werden soll, so muß ihm, wie schon erwähnt, wiederum eine Luftmenge von 2½ m³ je m³ zugeführt werden, d. i. die Oberluft. Ist diese Oberluft nun kalt und vermischt sich in diesem Zustand mit dem warmen Generatorgas, so nimmt sie von diesem Wärme auf und setzt dadurch die Temperatur des Gases herab. Da aus den 3 m³ Generatorgas jetzt 5½ m³ Mischgas entstanden sind, errechnet sich die Temperatur, die Grenztemperatur, nach der obigen Formel zu $\dfrac{1303}{5,5 \times 0,32} = 740^0$.

Die Temperatur muß aber zur Entzündung des Generatorgases ausreichen, sonst zieht es unausgenutzt ab. Da die Entzündungstemperatur des Kohlenoxyds etwa bei 300⁰ liegt, und die des Wasserstoffs — vorweg bemerkt — bei 550⁰, so reichte die Temperatur von 740⁰ tatsächlich zur Entzündung des Gasluftgemisches aus. Ist aber der Ofen, wie beim Anheizen, kalt, so verliert das Generatorgas auf seinem Wege in das Ofeninnere sehr viel Wärme sowohl an die zu durchwandernde Kokssäule wie an das kalte Mauerwerk, und seine Temperatur sinkt erheblich unter 740⁰. So kann es vorkommen, daß sich dann das Gas nach der Mischung mit der zugeführten Oberluft an den vorgesehenen Stellen nicht entzündet, sondern als explosives Gemisch durch den Ofen wandert, das sich durch einen Funken oder eine Stichflamme an einer falschen Stelle unter nachteiligen Folgen entzünden kann. Deshalb muß beim Anheizen eines Ofens die Füllöffnung des Generators geöffnet bleiben, damit das Generatorgas sofort über der Koksschicht verbrennen kann, bis das Mauerwerk und die Heizdüsen im Ofen warm, glühend, geworden sind.

Um den Nutzeffekt zu erhöhen, wird, wie bereits ausgeführt, die Oberluft vorgewärmt. Die Unterluft wird meist nicht vorgewärmt, manchmal aber auch auf etwa 300⁰ bis 400⁰. Zur Destillation der Kohle werden heute Temperaturen in den mittleren Feuerzügen von nicht unter 1100⁰ bis 1250⁰ angewendet. Das bedeutet, daß die abziehenden Rauchgase mindestens auch diese Temperatur haben müssen, denn es kann nur Wärme von einem heißeren auf einen kälteren Körper, in unserem Falle auf die Retorten oder Kammern, übergehen. Um den Wärmeinhalt dieser hocherhitzten Rauchgase möglichst zu verwerten, werden sie nicht unmittelbar in den Schornstein geführt, sondern, wie bereits beschrieben, erst durch ein Kanalsystem, um die zutretende Oberluft und manchmal auch die Unterluft vorzuwärmen. Auf diese Weise wird der Bruttonutzeffekt, d. i. das Verhältnis der übertragbaren Wärme zu der entwickelten Gesamtwärme, erheblich gesteigert.

Zwecks weiterer Steigerung des Bruttonutzeffektes wird der Unterluft Wasserdampf zugeleitet bzw. 1 Teil Unterluft durch Wasserdampf ersetzt. Es bildet sich dann Kohlenoxyd und Wasserstoff nach der Formel:

$$C + H_2O = CO + H_2 - 1267 \text{ kcal};$$

das ist der Prozeß der Wassergasbildung. Bei zu niedriger Temperatur und zu großer Dampfgeschwindigkeit tritt aber auch Kohlensäure auf, entsprechend der Formel:

$$C + 2 H_2O = CO_2 + 2 H_2.$$

Es muß daher die Kokssäule eine genügend hohe Temperatur haben, und die Dampfzufuhr richtig eingestellt sein. Ganz läßt sich allerdings die Kohlensäure nicht vermeiden, mit 4 Vol.-% ist zu rechnen.

Wir haben also jetzt im Generator zwei Prozesse nebeneinander laufen: Generatorgas- und Wassergasbildung. Bei dem Wassergasprozeß ersetzt ein Volumen Wasserdampf rd. 2½ Volumen Luft. Um das gebildete Wassergas im Ofeninnern zur Wärmegewinnung verbrennen zu können, muß ihm aber die entsprechende Luftmenge zugeführt werden. Dies geschieht durch Vermehrung der Oberluft, der Sekundärluft, die hoch vorgewärmt zutritt. Außerdem wird durch den Zusatz von Wasserdampf der Zutritt überschüssiger Primärluft vermieden, was sich wärmetechnisch wiederum günstig auswirkt. Selbstverständlich darf die Erzeugung von Generatorgas und Wassergas ein bestimmtes Verhältnis nicht überschreiten. Die Wassergaserzeugung verbraucht Wärme, wie auch in der vorstehenden Formel durch —1267 kcal angegeben ist, die Generatorgasbildung erzeugt Wärme. Die erreichbare Grenze für die Dampferzeugung liegt bei einem Wasserverbrauch von etwa 0,7 kg je kg Kohlenstoff. Im praktischen Betrieb bringt man zweckmäßig 1 kg Wasser auf etwa 1 kg Koks in Ansatz. Die bei der Wassergasbildung verbrauchte Wärme wird im Ofenraum, als an sehr erwünschter Stelle, wiedergewonnen.

Man wird in der Praxis niemals die Zusammensetzung von Generatorgas und Wassergas erreichen, wie sie den Gasgleichgewichten entspricht, man kann sich diesen nur nähern. Aber bei beiden Prozessen stellt sich schon ein günstiger Reaktionsverlauf bei einer Temperatur von etwas über 800⁰ ein.

Der Zusatz von Wasserdampf bringt an sich noch den Vorteil, daß die Roste dadurch gekühlt werden und somit die Bildung geschmolzener Schlacke weitgehend verhütet und als weitere Folge ermöglicht wird, auch die Unterluft vorzuwärmen, was sonst wegen der verstärkten Schlackenbildung nicht möglich wäre. Dadurch, daß durch die Wasserdampfzufuhr die Schlacke porös gehalten wird, also für die Primärluft durchlässig bleibt, läßt sich auch der Ofenzug leichter und vorteilhafter regulieren. Wie die Generatorgasbildung ermöglicht auch die Wassergaserzeugung die Wärmeentwicklung in den eigentlichen Feuerraum, das Ofeninnere, zu verlegen.

D. Das Jenaer Entgasungsverfahren und das Jenaer Braunkohlenvergasungsverfahren.

Es soll nun kurz ein Vertikalkammerofen beschrieben werden, der in neuerer Zeit von der Dessauer Vertikalofen-Gesellschaft, Berlin, entwickelt worden ist und ausgeführt wird. Dabei soll auch das Jenaer Entgasungsverfahren mit Perlkoksdeckschicht und das Jenaer Braunkohlenvergasungsverfahren erläutert werden.

Abb. 2 zeigt einen Schnitt durch den Ofen. Der Schnitt geht gleichlaufend zur Längsseite der Kammer. Durch eine Querwand a ist die Kohlenkammer in einen Entgasungsschacht b und einen Vergasungsschacht c unterteilt. Oben endet die Querwand, die sich unten vom Tragrost an aufbaut, in einer Schräge, die einen Verbindungskanal d zwischen den beiden Schächten *b* und *c* frei läßt. Jeder Schacht hat eine besondere, einzeln zu bedienende Füllöffnung *f* und *h*, auch die unteren Verschlüsse sind einzeln bedienbar, und jeder Schacht hat Dampfzuführung. Ferner ist im oberen Gasraum über dem Vergasungsschacht *c* eine Krackeinrichtung *e* eingebaut, auf deren Zweck wir noch zu sprechen kommen. Daneben liegt die Füllöffnung *f* für

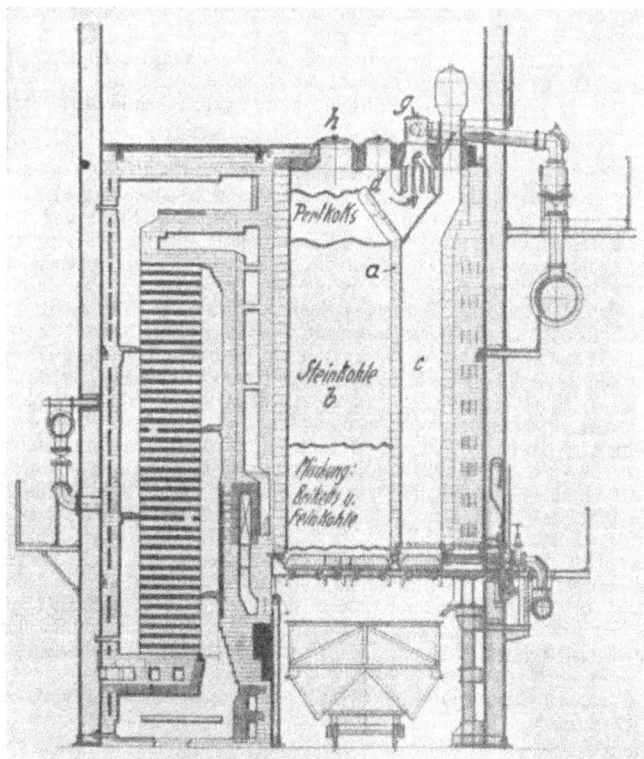

Abb. 2.

Schacht *c*. Verschluß *g* dient zur Beobachtung und Bedienung des Krackeinsatzes. Die linke Seite zeigt die Rekuperation.

Das Jenaer Verfahren mit Perlkoksdeckschicht vollzieht sich nun wie folgt: in den Entgasungsschacht *b* gelangt die Kohlenfüllung. Sie erhält eine Deckschicht von Perlkoks in 10 bis 20 mm Körngröße und einer Höhe von 60 bis 70 cm. Diese Schicht wirkt als Filter für die abziehenden Gase und Dämpfe der Kohlendestillation. Dabei findet eine Anlagerung von Teerdämpfen an die Koksteilchen, die eine große Oberfläche darbieten, statt. Die Perlkoksschicht nimmt viel schneller Rotglut an als die entgasende Kohle. Die in der Schicht adsorbierten Teerbestandteile werden so einer fraktionierten Destillation und Krackung unterworfen, was die Gasausbeute erhöht. Durch das später in derselben Kammer erzeugte Wassergas werden die schwereren Teeranteile aktiviert, wodurch das Wassergas mit Kohlenwasserstoffen aufgewertet wird, was wiederum eine stärkere Wassergaserzeugung ermöglicht.

Die schnellere Wärmeaufnahme der Perlkoksdeckschicht gestattet auch viel früher als es sonst möglich ist, mit der Wassergaserzeugung in der Kohlenkammer zu beginnen, und zwar schon in der siebten bis achten Destillationsstunde.

Durch die Deckschicht wird ferner die schädliche Wirkung des Spaltraumes aufgehoben, der sich im Laufe der Entgasung zwischen Kammerwand und zusammenschrumpfender Kokssäule vielfach bildet. Hier treten sich entwickelnde Gase durch, in Berührung mit der heißen Kammerwand werden Kohlenwasserstoffe stärker zersetzt, der später zugeführte Dampf für die Wassergaserzeugung streicht zu einem erheblichen Teil mit ungenügender Reaktionswirkung durch, dabei viel Wärme fortführend, was die Unterfeuerung ungünstig beeinflußt. Durch die Deckschicht aber wird der Flucht der Wasserdämpfe vorgebeugt, sie werden gezwungen, in großer Aufteilung durch die Kokssäule zu wandern, in dem Spaltraum bildet sich ein Dampfschleier, der eine starke Zersetzung der Kohlenwasserstoffe hintanhält.

Der Vergasungsschacht c dient zur Wassergaserzeugung, und zwar wird dauernd Wassergas erzeugt. Er wird mit Perlkoks gefüllt. Bei Erörterungen über Gaserzeugungskosten und Kokserlös wurde darauf hingewiesen, daß die Wassergaserzeugung mittels Koks nur dann wirtschaftlich sei, wenn die Kokspreise unter den Kohlenpreisen liegen. Letzteres ist im allgemeinen nicht der Fall, und es kann nicht bestritten werden, daß die Wassergaserzeugung meistens teurer, mindestens aber nicht billiger als die Kohlengasherstellung ist. Bei dem beschriebenen Verfahren aber wird Perlkoks, der immer erheblich billiger als Stückkoks ist, verwendet, die Wassergaserzeugung ist dabei also äußerst wirtschaftlich. Dazu kommt, daß keine besondere Anlage mit besonderer Bedienung erforderlich ist, sondern daß die Wassergaserzeugung in einem Arbeitsgang mit der Kohlenentgasung vor sich geht.

Die aus der Kohlenkammer durch die Deckschicht aufsteigenden Gase und Dämpfe treffen auf das aus der Kokskammer kommende Wassergas, in dem bereits erwähnten Verbindungskanal d. Hierdurch wird durch thermische und katalytische Wirkung eine Aufwertung des Heizwertes des Wassergases bezweckt und erreicht. Ausbeuteergebnisse und Heizwert zeigt folgende Zusammenstellung aus Entgasungsversuchen:

Ausbeute m³/100 kg	60,51	61,96	60,70
Ausbeute bei 15°/760	57,52	58,97	57,35
Heizwert bei 0°/760	4702	4687	4732
Heizwertzahl bei 0°/760	2520	2576	2529

Für das Jenaer Braunkohlenvergasungsverfahren, das in engster Zusammenarbeit mit dem Mitteldeutschen Braunkohlensyndikat Leipzig und dessen Beauftragten Dr.-Ing. Sommer ausgearbeitet wurde, dient ein Ofen gleicher Konstruktion.

In den Entgasungsschacht *b* kommt die Kohlenfüllung; im unteren Teil besteht sie aus einer Mischung von Steinkohlen und Braunkohlenbriketts im Verhältnis 1:1. Auf diese Mischung kommt reine Steinkohle in etwa 40 mm Stückgröße; die Gesamtfüllung wird dann wieder mit der bereits besprochenen Perlkoksschicht abgedeckt. Die Kammer *c* wird, wie sonst, mit Perlkoks gefüllt. Die aus Kohlen- und Kokskammer aufsteigenden Gase und Dämpfe stoßen im oberen Kammerraum zusammen und strömen gemeinsam durch den Krackeinsatz *e*. Dieser Krackeinsatz hat eine besondere Form, teilt das ankommende Gas in einzelne dünne Schichten auf, und kann regulierbar beheizt werden; im unteren Teil hat er Kammerwändetemperatur, im oberen ist er kälter. In dem Krackeinsatz werden die durchziehenden Gas- und Dampfschichten einer thermisch-katalytischen Einwirkung unterworfen. Der Braunkohlenteer nimmt den Charakter von aromatischem Steinkohlenteer an, der Methangehalt erfährt eine starke Zunahme. Der hohe Gehalt an Kohlensäure, das Haupthindernis für die Verwendung von Braunkohlenbriketts für die Gaserzeugung, geht auf das normale Maß zurück; außer dem Kracker wirken hierbei auch noch andere Vorgänge in den Kammern mit. Näheres hierüber und über die beiden Verfahren überhaupt ist aus den Veröffentlichungen im GWF 1928, S. 1112 bis 1119; 1934, S. 1 bis 5 und 1935, S. 145 bis 149 und S. 172 bis 181 zu entnehmen.

Statt Einzelgeneratoren für jeden Ofen werden für größere Einheiten Zentralgeneratoren gebaut, in welchen das für eine Anzahl Öfen erforderliche Generatorgas erzeugt und den einzelnen Öfen in Rohrleitungen zugeführt wird. Zentralgeneratoren verringern die Gesamtanlagekosten, ermöglichen die Verwendung von Abfallbrennstoffen, eine gleichmäßige Beschaffenheit des Heizgases und seine Reinhaltung von Flugstaub. Näher kann auf diese Anlagen hier nicht eingegangen werden.

Um die in den Abgasen aufgespeicherte Wärme noch weiter auszunutzen, baut man Abhitzeverwertungsanlagen, denen die Abgase zur Dampferzeugung oder zur Warmwasserbereitung zugeführt werden. Es gelangen Niederdruck- und Hochdruckkessel zur Aufstellung, je nach Größe der Anlage. In kleinen Werken wird eine mit destilliertem Wasser gefüllte Heizschlange in die Abgaszüge des Ofens eingebaut, die mit einem Wasserbehälter verbunden ist. Durch die Zirkulation des in der Schlange erhitzten Wassers erfolgt die Erwärmung des Wassers in dem Behälter.

Der Einbau einer Abhitzeverwertung ist sehr zu empfehlen, wo Zugverhältnisse und Temperaturgefälle es gestatten. Die Anlagen müssen möglichst nahe dem Ofen errichtet werden.

E. Überwachung, Einstellung, Betrieb, Unterhaltung und Kontrolle der Öfen.

Der Ofenbetrieb ist der wichtigste Teil eines Gaswerks; seine ständige Überwachung, Untersuchung und Pflege gehört zu den ersten Aufgaben der Betriebsleitung.

Von besonderer Bedeutung sind die Temperaturbeobachtungen in den Öfen bzw. den Heizkanälen. Die Temperatur muß täglich mindestens zweimal gemessen werden, und gleichlaufend damit auch der Ofenzug. Der bei der theoretischen Verbrennung von Kohlenstoff zu erreichende Höchstgehalt von 21% CO_2 in den Abgasen wird im praktischen Betrieb bei der Verbrennung von Koks nicht erreicht. Die Verbrennung ist gut, wenn die Abgase Ausgang Ofen—Eingang Rekuperation 18 bis 19,5% CO_2 enthalten. Ein Gehalt an CO bedeutet Verminderung der Ausnutzung der Brennstoffwärme und Mehrverbrauch an Unterfeuerung, ferner kann dadurch eine Nachverbrennung in der Rekuperation eintreten, wodurch diese unnötig erhitzt wird.

Interessant sind in diesem Zusammenhang Versuche, die über Verluste im Feuerungsbetrieb (von Jarrier) angestellt und im Archiv für Wärmewirtschaft und Dampfkesselwesen 1938, Heft 5, S. 121, auszugsweise wiedergegeben worden sind. Hiernach entspricht einer Verminderung des Gehaltes an unverbrannten Rückständen um 1% eine Vermehrung der ausgenutzten Brennstoffwärme um rd. 1%; einer Erhöhung des CO_2-Gehaltes der Abgase um 1% eine Vermehrung der Nutzwärme um rd. ½%, aber einer Erhöhung des CO-Gehaltes der Abgase um 1% eine Verminderung der ausgenutzten Brennstoffwärme um 3 bis 4%. Es ist also darauf zu achten, daß die Luftzufuhr nicht zu klein wird.

Um aber einen schädlichen Überschuß an Verbrennungsluft zu vermeiden, sind die Unterluftschieber so zu öffnen, daß die Heizkanäle nicht klar durchsichtig, sondern nur schwach verschleiert durchsichtig sind.

Kanäle mit schädlichem Oxydüberschuß sind trüber und haben bläulichen Schein.

Wichtig ist ferner ein richtig eingestellter Ofenzug; daher ist er ebenfalls ständig zu beobachten. Außer Störungen im Rauchkanal bewirken auch Witterungseinflüsse oft und schnell eine Änderung.

Grundsätzlich sind die Öfen mit möglichst geringem Zug zu betreiben. Bei normalen Verhältnissen hat sich ein Zug von 7 bis 11 mm als am besten ergeben; bei weniger als 6 mm sind die Öfen im allgemeinen sehr empfindlich und leicht schwankend in der Temperatur.

Für die Einstellung der Unter- und Oberluftschieber lassen sich allgemein gültige Zahlengrößen nicht angeben. Wie die Praxis zeigt, bedingen Öfen ganz gleicher Bauart voneinander abweichende Schieberstellungen. Es muß somit die richtige Schieberstellung für jeden Ofen ausprobiert werden.

Unterluft (Primärluft) und Oberluft (Sekundärluft) sind so einzustellen, daß eine vollständige Verbrennung ohne schädlichen Luftüberschuß eintritt. Der Ofenzug ist so zu regulieren, daß unter der

Ofendecke weder ein merklicher Druck der Heizgase noch Saugung herrscht, ein Druckmesser also etwa ± 0 anzeigt. Dies ist notwendig, um eine ruhige und gleichmäßige Wärmeentwicklung im Ofenraum zu gewährleisten.

Infolge des wechselnden Widerstands im Generator durch Abbrennen der Koksschüttung, durch Auftreten von Asche, Schlacke und Schüren des Feuers wird der Zutritt der Unterluft beeinflußt. Es wird daher der Unterluftschieber dem wechselnden Widerstand im Generator angepaßt, der Oberluftschieber bleibt jedoch in seiner Stellung unverändert, da der Widerstand gegen die zuströmende Sekundärluft nahezu konstant bleibt. Wenn aber die Gesamttemperatur im Ofen erhöht oder gesenkt werden soll, so geschieht dies auch mit Hilfe der Oberluft und des Ofenzuges; für die Aufrechterhaltung des richtigen Verbrennungsvorgangs dient dagegen in erster Linie der Unterluftschieber.

Die Temperatur in den mittleren Feuerzügen des Ofens wird heute auf 1100 bis 1250^0 gehalten; 1300^0 sollen nicht überschritten werden. Temperatur und Zeitdauer der Entgasung sind zwei Faktoren, die nicht nur großen Einfluß auf Beschaffenheit und Menge des Gases ausüben, sondern auch auf die Anfallprodukte. Mit steigender Temperatur geht im allgemeinen der Heizwert zurück; die Ausbeute am Gas steigt; die Heizwertzahl, das ist das Produkt aus Ausbeute je 1 kg Kohle und oberem Heizwert von 1 m³ Gas bei 0^0 760 mm, wird größer, und zwar durch stärkere Ausgasung wie durch Zersetzung von Teerbestandteilen. Die Leuchtkraft sinkt mit steigender Temperatur. Man unterscheidet den ,,oberen Heizwert" (Verbrennungswärme) von dem ,,unteren Heizwert" (Heizwert). Im ,,oberen Heizwert" ist die Wärme des in den Abgasen enthaltenen und kondensierten Wasserdampfes von 0^0 eingerechnet, im ,,unteren Heizwert" nicht. Für die meisten praktischen Fälle kommt nur der ,,untere Heizwert" in Betracht.

Im praktischen Betrieb wird die Gasausbeute in m³ je t oder 100 kg lufttrockener Kohle bei 15^0 und 760 mm Quecksilbersäule festgestellt.

Es sind Bestrebungen im Gange, den oberen Heizwert auf etwa 4600 kcal/m³ bei 0^0 760 mm festzusetzen, was wärmetechnisch und für eine einheitliche Regelung zu begrüßen wäre.

Koks- und Ammoniakausbeute gehen bei steigender Temperatur gleichfalls zurück. Der Teer wird dickflüssiger, pechartige Massen können sich absetzen und zu Steigrohrverstopfungen führen. Auch bei den Vertikalöfen mit ihrer größeren Leistungsfähigkeit war die Gefahr der Teerverdickung gegeben, deshalb führte die Dessauer Vertikalofen-Gesellschaft die Liegerohrkühlung ein, das sind Spritzdüsen in den Liegerohren, durch die dem Gasstrom entgegengesetzt Ammoniakwasser brauseartig zugeführt wird. Die Einrichtung hat sich vorzüglich bewährt.

Der Schwefelwasserstoffgehalt fällt bei steigender Temperatur, das Naphthalin tritt dagegen stärker in Erscheinung, auch Zyan und Schwefelkohlenstoff nehmen zu. Das Vertikalofengas ist durchweg naphthalinärmer als das aus Horizontal- oder Schrägöfen. Um die Naphthalinbildung herabzudrücken, muß angestrebt werden, daß das sich entwickelnde Gas nicht zu lange mit den heißen Retortenwandungen in Berührung bleibt, wodurch auch die schweren Kohlenwasserstoffe stark zersetzt werden. Retorten und Kammern sind möglichst voll zu laden, damit kein größerer freier Raum vorhanden ist, in dem das Gas zu lange mit den heißen Wandungen in Berührung bleibt. Das läßt sich am ehesten bei Vertikalöfen erreichen, weniger bei Horizontalöfen. Hier bleibt in der Nähe des Retortenscheitels meistens ein freier Raum, durch den das Gas unter Berührung der heißen Wandungen streicht. Es empfiehlt sich daher, bei Horizontalöfen mit der Temperatur nicht zu hoch zu gehen, sondern unter 1200° zu bleiben.

Ein Schwanken bzw. Fallen der Temperatur, mit der ein günstiges Ausbeuteergebnis erzielt wurde, um eine verhältnismäßig kleine Spanne, z. B. von 1180° auf 1150°, kann schon eine merkliche Verschlechterung des Gasausbeuteergebnisses bringen. Die Gleichmäßigkeit der Temperatur bei gleichartiger Kohle ist daher auch hier von Bedeutung. Der für die Heizung der Öfen verbrauchte Brennstoff, vorwiegend Koks, der Unterfeuerungsverbrauch, wird angegeben in kg Koks, entweder auf 100 kg durchgesetzte Kohle, oder auf 100 m³ erzeugtes Gas bezogen. Letzteres dürfte richtiger sein, da dadurch eine bessere Vergleichsgrundlage gegeben wird als durch das Verhältnis Koks zu Kohle. Des weiteren kann der Unterfeuerungsverbrauch ermittelt werden durch den Aufwand an kcal für je 1000 im erzeugten Gas enthaltene kcal.

Bei der erstmaligen Einstellung eines Ofens geht man so vor, daß bei entsprechend geöffneter Ober- und Unterluft der Rauchgasschieber zum Fuchs so eingestellt wird, daß unter der Ofendecke der Zug ±0 mm herrscht. Die Oberluft drosselt man dann solange, bis im letzten Zug der Rekuperation etwas Generatorgasüberschuß auftritt, was sich durch ein schwachbläuliches Flammenbild zu erkennen gibt. Geht die Temperatur zu sehr in die Höhe, so wird der Ofen zu stark beheizt. Es muß die Zuführung der Unterluft verringert werden. In Verbindung hiermit muß gleichzeitig die Oberluft gedrosselt werden unter Beobachtung des letzten Zuges der Rekuperation auf Flammenbild. Mit dieser Regelung fährt man solange fort, bis der Ofen nach einigen Tagen eine einigermaßen gleichmäßige Temperatur hat; diese wird dann durch Feinregulierung der beiderseitigen Schieber auf gleichmäßige Höhe gebracht. Müssen bei dieser Einstellung die Schieber zu weit geschlossen werden, so beweist dies, daß der Schornsteinzug zu hoch ist und herabgesetzt werden muß; ist dagegen die erforderliche Temperatur durch Regelung der Unter- und Oberluft nicht zu erzielen, so ist der Ofenzug zu verstärken.

Der Ofenzug wird durch die Rauchschieber geregelt, auch durch Schieber in den untersten Abgaskanälen der Rekuperation. Die Verdrosselung des auf den Ofen wirkenden Schornsteinzuges erfolgt durch den Hauptschieber vor dem Schornstein; ist er richtig eingestellt, wird im allgemeinen nichts mehr daran geändert. Die weitere Regulierung geschieht durch die Rauchgasschieber am Ofen über dem Rauchkanaleingang, und auch das nur in besonderen Fällen. Im allgemeinen sind die Luftschieber zu betätigen.

Es ist hier hervorzuheben, daß der Schornsteinschieber stets gut gegen das Ansaugen falscher Außenluft abzudichten ist, und ebenfalls außer Betrieb befindliche Öfen dicht gegen den Rauchkanal abzusperren sind. Da, wie bereits ausgeführt, der Widerstand im Ofen gegen die einströmende Oberluft ziemlich gleich bleibt, die Unterluft sich aber ändert, ist die Oberluft alsbald nach dem Schlacken einzustellen, und dann nur die Unterluft zu regulieren. Die Stelle im Ofen, die bei der Rauchgasanalyse weder Kohlenoxyd noch Sauerstoff zeigt, heißt die neutrale Zone; sie soll am Eingang der Rekuperation liegen und sich nur unmittelbar nach dem Schlacken weiter in die Züge hinein fortsetzen.

Wie bereits erwähnt, ist der Gang des Ofens gut, wenn die Abgase Ausgang Ofen — Eingang Rekuperation einen Kohlensäuregehalt von 18 bis 19,5% aufweisen. Wird noch Kohlenoxyd gefunden, so ist das ein Zeichen, daß zu wenig Oberluft zutritt; es muß also mehr Sekundärluft (Oberluft) zugeführt werden. Ist schon bei der unökonomischen Verbrennung mit CO-Überschuß die Temperatur im Ofen genügend hoch, muß gleichzeitig der Zug etwas vermindert werden, um eine unnötige Temperatursteigerung zu vermeiden und Brennstoffverlust zu verhindern. Wird bei der Rauchgasanalyse bei guter Temperatur zu wenig Kohlensäure gefunden, so deutet das auf überschüssige Luft hin. Wird hoher Kohlensäuregehalt gefunden und der Ofen ist trotzdem nicht heiß, so ist die Verbrennung nicht intensiv genug; es ist also mit dem Zug etwas nicht in Ordnung; er muß entweder vermehrt werden, oder es kann die Rekuperation undicht sein und falsche Luft eingesaugt werden.

Eine weitere Möglichkeit ist zu starke Wasserverdampfung.

Bei einer Verringerung des Widerstandes im Sekundärluftkanal durch Öffnung des Sekundärluftschiebers wird aber auch eine Einwirkung auf die Primärluft erzielt insofern, als die Primärluft gleichzeitig geringer zuströmt und infolgedessen weniger Brennstoff verbrennt und weniger CO gebildet wird. Dadurch wird eine Überhitzung des Ofens vermieden.

Wenn undichte Abgaskanäle in der Rekuperation vorhanden sind, wird ein Teil der zutretenden Oberluft vorzeitig abgesaugt, ehe sie in den Verbrennungsraum eintritt. Dadurch entsteht eine ungenügende und unvollkommene Verbrennung, die Abgase ziehen mit hohem CO-Gehalt in die Rekuperation, gelangen in den undichten Zügen durch die angesaugte Oberluft zur völligen Verbrennung und zeigen bei der Untersuchung einen hohen Kohlensäuregehalt, der aber nichts mit einer guten Verbrennung im Ofenraum zu tun hat. Die Rekuperation wird immer wärmer, während die Ofentemperatur zurückgeht. Eine wesentlich undichte Rekuperation macht den Ofen in kurzer Zeit betriebsunfähig, sie muß daher unter ständiger Aufsicht und Pflege gehalten werden. Durch Vornahme von Rauchgasanalysen an den verschiedenen Stellen der Rekuperation lassen sich die Undichtigkeiten auffinden, die schnellstens beseitigt werden müssen, damit nicht der ganze Ofenbetrieb gefährdet wird. Ist ein Orsatapparat für die Untersuchung nicht zur Hand, so können die undichten Stellen auch durch Ableuchten der Kanäle mit einer Flamme festgestellt werden.

Die Füllung der Generatoren — wir ziehen hier nur Einzelgeneratoren in Betracht — erfolgt vielfach mit Koks, wie er anfällt. Es ist aber verbrennungstechnisch günstiger, separierten Koks in möglichst gleichmäßiger Stückgröße, etwa 60 bis 80 mm, zu verwenden. Der Generator ist voll zu laden, damit ein genügender Koksvorrat in ihm vorhanden ist und er nicht so oft geladen werden muß; denn grundsätzlich soll der Generatorbetrieb möglichst wenig gestört bzw. unterbrochen werden. Beim Öffnen der Generatordeckel ist stets eine brennende Lunte zu verwenden, die Schlackentür ist bei geöffnetem Generatordeckel geschlossen zu halten, da sonst eine lange Oxydflamme aus der Generatoröffnung schlägt.

Die Berieselung kühlt und schont die Roste, ferner wird die Temperatur in der Verbrennungszone reguliert, die Schlackenbildung herabgesetzt und die Schlacke mürber gehalten. Aber die Berieselung darf nicht so eingestellt werden, daß die Wasserdampfentwicklung zu stark und dadurch die Temperatur im Generator erniedrigt wird; dann leidet die Gaserzeugung im Generator qualitativ und quantitativ. Da durch Ablauf, Aufsaugen durch Asche und Schlacke eine gewisse Menge Wasser verloren geht, kann man praktisch mit 1 kg Wasser je 1 kg vergasten Kokses rechnen.

Das Lichtmachen des Generators, d. h. die Auflockerung der sich auf dem Rost bildenden Verlagerungen, die der Unterluft den Zutritt versperren, und das Entschlacken, d. i. seine Säuberung von Asche und Schlacke, hat in bestimmten Zeitabständen zu erfolgen. Es ist beim Entschlacken darauf zu achten, daß möglichst wenig unverbrannte Koksteile mit der Schlacke entfernt werden; Koksteile, die doch in der Schlacke enthalten sind, sind auszulesen und der Weiterverwendung, z. B. unter dem Dampfkessel, zuzuführen.

In Verbindung mit der Koks- bzw. Generatorgasheizung ist auch vielfach die Starkgasbeheizung eingeführt; durch besondere Brenner wird den Heizdüsen Starkgas zugeführt und zur Erhitzung der Entgasungsräume verbrannt. Man ist dadurch in der Lage, in Zeiten großen Koksbedarfs mit Gas und bei Koksüberfluß mit Koks zu heizen.

Die Herstellung von reinem Steinkohlengas wird als Trockenbetrieb bezeichnet. Wird bei der Steinkohlengaserzeugung auch Wassergas in denselben Entgasungsräumen im gleichen Arbeitsgang hergestellt, so ist das der Naßbetrieb.

Bei den Horizontalöfen hat sich das Goffinverfahren zur Herstellung eines Mischgases aus Steinkohlen- und Wassergas bewährt. Der glühende ausgestandene Koks wird nicht ganz entleert, sondern am Ende der Retorte mittelst Haken auf eine Länge von nicht unter 600 mm möglichst hoch aufgeböscht, damit auch der Retortenscheitel abgedeckt wird. Dann wird Dampf eingeblasen, der durch den glühenden Koks hindurchzieht und Wassergas bildet. Reicht der glühende Koks nicht bis an den Scheitel, dann streicht der Dampf nutzlos darüber hinweg und wirkt nachteilig. Der Koksstopfen ist spätestens nach zwei Tagen zu erneuern. Bei durchgehenden Retorten (Durchstoßverfahren) wird der glühende Koks beim Laden nicht ganz ausgestoßen, es bleibt im hinteren Teil ein Rest liegen, durch den der Dampf zur Wassergaserzeugung geht. Da hierbei stets frischer Koks zur Anwendung gelangt, kann dauernd Wassergas erzeugt werden. Durch das Goffinverfahren wird die Ausbeute erheblich erhöht, und zwar auf 38 bis 44 m³/100 kg Kohle, je nach dem Retortensystem, bei einem oberen Heizwert von 5000 bis 4800 kcal/m³. Die Wassergaserzeugung wird später nochmals behandelt, insbesondere beim Vertikalofenbetrieb.

Bei erhöhter Temperatur und verlängerter Entgasungsdauer tritt folgerichtig auch ein Mehrverbrauch an Unterfeuerung ein. Es muß deshalb ermittelt werden, wie der Betrieb unter diesen Umständen am wirtschaftlichsten ist. Bei langer Ausstehzeit und eingetretener Ausgasung sind die Retorten bzw. Kammern abzustellen, und zur Aufhebung eines etwaigen Überdruckes in den Entgasungsräumen ist der Deckel des Gasabgangsrohres durch Zwischenlegen eines 3 bis 5 mm starken Bleches geöffnet zu halten.

Wird ein Vertikalofen in Schwachfeuer gesetzt, so soll der Koks nicht in den Retorten bzw. Kammern bleiben, da durch Undichtheiten an den unteren Verschlüssen oder der Grundplatte Luft eindringen kann, die den Koks zum Verbrennen bringt, und dadurch das Schamottematerial gefährdet. Die oberen Verschlüsse bleiben zweckmäßig durch einen untergelegten Keil etwas geöffnet.

Vor- oder Zurückstellen der Temperaturen soll mit Rücksicht auf das Ofenmaterial nur allmählich und nur soweit erfolgen, daß eine gleichmäßige Temperatur in den Heizzügen beibehalten wird. Am besten geschieht das durch Verringerung des Ofenzuges. Genügt das nicht, sind Ober- und Unterluft zu drosseln. In ganz dringenden Fällen, z. B. bei Überhitzungen, kann reichlich Oberluft gegeben werden unter gleichzeitigem Zurückstellen des Unterluftschiebers. Das darf aber nur im Falle der Gefahr geschehen.

Ein Ofen ist ununterbrochen in stärkster Tätigkeit und Beanspruchung, es ist deshalb vonnöten, daß er stets pfleglich behandelt wird. Das gilt besonders für kleinere Werke. Zur Inordnunghaltung gehört auch eine peinliche Sauberhaltung der gesamten Ofenanlage, auch der Vorlage und des Deckenflurs. Für den guten Gang eines Ofens ist es unerläßlich, daß Innen- und Außenmauerwerk dicht gehalten werden. Undichtigkeiten sind durch Verfugen und Verschlämmen alsbald zu beseitigen, unter vorheriger gründlicher Reinigung der betreffenden Stellen. Überhaupt sollte nicht gewartet werden, bis Undichtigkeiten auftreten, sondern der Ofen grundsätzlich von Zeit zu Zeit überholt und die Außenwände abgeschlämmt werden. Die Abgaskanäle in der Rekuperation sind ebenfalls zeitweise zu reinigen und abzuschlämmen, wie auch der Rauchschieber frei von Flugasche zu halten ist. Auf Dichtheit der Schlacktüren nebst Türrahmen ist stets zu achten, um den Eintritt schädlicher Falschluft zu verhindern. Undichtigkeiten in der Retorte bzw. Kammer sind möglichst schnell zu verfugen bzw. zu verschlämmen. Mörtel und erforderliche Werkzeuge müssen stets verwendungsbereit zur Hand sein. Gute Dichthaltung der Mundstücke am Kopf der Retorte bzw. Kammer ist selbstverständlich ebenfalls vonnöten; bei der Bedienung der Mundstücke ist darauf zu achten, daß sie nicht gröblich auf- und zugeworfen, sondern bedachtsam geöffnet und geschlossen werden, um ein Lockerwerden der Dichtung zwischen Mundstück und Retorte und ein Beschädigen des Deckelverschlusses zu vermeiden. Die gleiche achtsame Behandlung gilt für die Schlacktüren. Beim Öffnen der Mundstücke wie der Generatordeckel ist stets eine brennende Lunte zu verwenden. Liege- bzw. Steigerohre sind beim Laden der Kammern bzw. Retorten zu reinigen, die Vorlage ist auf etwaige Pechablagerungen regelmäßig nachzuprüfen. Für die Ausbesserungsarbeiten an Feuerungen, Retorten, Kammern usw. ist es aber wichtig, das richtige Mörtelmaterial zu verwenden. Es kann nicht nach Belieben ein Mörtel für die verschiedenen Arbeiten gewählt werden; je nach dem Verwendungszweck ist ein Mörtel besonderer Zusammensetzung und Aufbereitung erforderlich. Werden die Arbeiten fachgemäß mit richtigem Ausbesserungsmaterial vorgenommen, kann die Lebensdauer des Ofens beträchtlich erhöht werden. Richtige Auswahl des Materials bzw. Einholung fachmännischen Rates ist daher unumgänglich für gute Arbeit.

Die Außerbetriebsetzung eines Ofens muß ebenso sorgfältig wie die Inbetriebsetzung erfolgen. Der Ofen wird auf Schwachfeuer gesetzt, Kammern bzw. Retorten werden graphitiert. Der Generator wird nicht mehr nachgefüllt und der Wasserzufluß kleiner und nach Abglühen ganz eingestellt. Die Vorlagen erhalten Tauchung, die Gasabgänge werden geschlossen und gegen unbefugtes Öffnen gesichert; untere Verschlüsse sind zu schließen.

Bei den Vertikalöfen wird der obere Fülldeckel lose auf den Überwurf gelegt; sind noch mehr Füllöffnungen vorhanden, sind diese dicht aufzulegen; die Liegerohrdeckel werden lose auf den Ring gelegt; vorher wird auf die Isolierhauben eine Schüttung Kleinkoks gebracht. Bei Horizontal- und Schrägöfen bleiben die Gasabgangsrohrdeckel etwa 5 mm geöffnet, die Fülldeckel dagegen fest aufgelegt, doch nicht verriegelt. Ober- und Unterluft werden täglich langsam und gleichmäßig gedrosselt, dabei ist darauf zu achten, ob die Temperatur in den Heizkanälen unter die Entzündungstemperatur sinkt. Ist dies eingetreten, dann müssen die sich etwa noch bildenden Generatorgase im Generator selbst durch Öffnen von Luftlöchern in der Generatorwand oberhalb der Feuerzone verbrannt werden. Nach Abbrennen des Generators werden sämtliche Schieber einschließlich der Rauchschieber geschlossen und gut mit Lehm abgedichtet, damit keine Kaltluft eindringen kann, auch Gase aus benachbarten undichten Öfen nicht angesaugt werden können.

Die Tauchung in der Vorlage ist aufrechtzuerhalten evtl. durch schwaches Weiterlaufen der Berieselung, nachdem der Dickteer aus ihr entfernt worden ist. Ist der Ofen richtig abgekühlt, dann sind jedenfalls nach einer längeren Betriebsdauer die Beheizungs-, Abgangs- und Rekuperationskanäle zu öffnen, zu reinigen, zu verfugen und abzuschlämmen, wie auch die Ofenfronten und Generatorwände. Alle Verschlüsse und Dichtungen sind zu überprüfen und instandzusetzen, selbstverständlich auch Retorten bzw. Kammern.

Außerbetriebsetzung und Abkühlung eines Ofens muß in erster Linie wegen der Empfindlichkeit des Ofenmaterials, dann aber auch wegen der immerhin vorhandenen Explosionsgefahr ganz langsam und allmählich unter Beachtung der skizzierten Bedingungen erfolgen.

Für die Durchführung im einzelnen halte man sich an die Leitsätze der Baufirmen, die grundsätzlich auch für die gesamte Ofenbehandlung zu beachten sind. Ein schlecht abgekühlter Ofen verliert ebenso wie ein schlecht gepflegter erheblich an Lebensdauer.

Die Zusammensetzung der Rauchgase gibt Aufschluß über die Verbrennungsvorgänge im Ofen. Für die Rauchgasuntersuchung dienen vorwiegend die Buntebürette und der Orsatapparat, letzterer besonders für den praktischen Betrieb geeignet. Einen solchen zeigt Abb. 3. Er besteht aus einer Meßröhre und den Absorptionsgefäßen. Die Meßröhre ist in cm^3 eingeteilt und mit einem Glasmantel umgeben, um sie nach Möglichkeit äußeren Temperaturschwankungen zu entziehen. Das untere Ende der Meßröhre steht durch einen Hahn und einen Schlauch mit der mit Wasser gefüllten Niveauflasche in Verbindung, während das obere Ende durch ein Kapillarrohr, in welches noch ein Zweiweghahn eingeschaltet ist, mit den Absorptionsgefäßen oder mit der Entnahmeleitung der Rauchgase in Verbindung gebracht werden kann. Von den drei Absorptionsgefäßen ist eines mit Kalilauge, eines mit alkalischer Pyrogallollösung und das dritte mit Kupferchlorürlösung sowie mit Spiralen aus Kupferdraht gefüllt. Die Kalilauge dient zur Absorption und Bestimmung der Kohlensäure, die

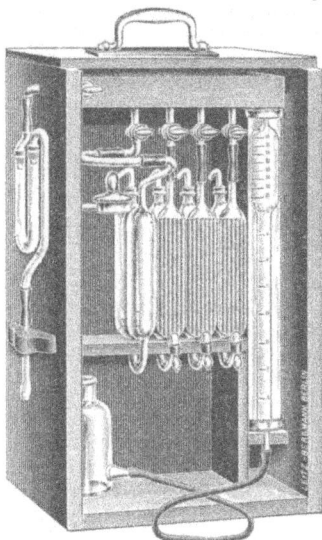

Abb. 3.

alkalische Pyrogallollösung zur Absorption und Bestimmung des Sauerstoffes, und die Kupferchlorürlösung zur Absorption und Bestimmung des Kohlenoxyds. Die Absorptionsgefäße werden bis zur Hälfte mit Flüssigkeit gefüllt und diese Flüssigkeit bis zu der im kapillaren Halse angebrachten Marke dadurch emporgezogen, daß man die Wasserfüllung des Meßrohres in die zu diesem Zweck abgesenkte Niveauflasche ablaufen läßt und den an jedem Absorptionsgefäß angebrachten Hahn schließt. Die ganze Apparatur ist in einem kleinen, tragbaren Holzkasten untergebracht, so daß sie bequem an jede zu untersuchende Stelle gebracht werden kann.

Soll eine Rauchgasanalyse vorgenommen werden, so ist die Niveauflasche hochzuhalten, bis die Meßröhre bis zur Kapillare mit Wasser gefüllt ist. Mit Hilfe einer Saugpumpe aus Kautschuk wird zunächst die Luft aus der Rohrleitung, die an den zu untersuchenden Ofenkanal angeschlossen ist, entfernt, sodann die Gasprobe durch Senken der Niveauflasche und entsprechende Stellung des Zweiwegehahnes a in das Meßrohr eingesaugt. Man füllt das Meßrohr möglichst genau mit 100 cm³ Gas. Bei der Absorption wird zunächst die Kohlensäure bestimmt dadurch, daß man durch Heben der Niveauflasche bei geöffnetem Hahn des ersten Absorptionsgefäßes das Gas aus der Meßröhre in dieses, welches mit Kalilauge gefüllt ist, hineindrückt; sodann zieht man durch Senken der Niveauflasche das Gas aus dem Absorptionsgefäß wieder in die Meßröhre zurück und kann nunmehr die Ablesung vornehmen. Hierbei muß man die Niveauflasche so weit heben, daß der oberste Rand ihres Inhaltes mit dem in der Meßröhre befindlichen Wasser gleichsteht. Die eingetretene Volumenabnahme zeigt den Kohlensäuregehalt unmittelbar in Prozenten dann an, wenn die Meßröhre genau mit 100 cm³ Rauchgas gefüllt war. Enthält das Meßrohr etwas mehr oder weniger als genau 100 cm³, so muß entsprechende Umrechnung erfolgen.

Beispiel: Inhalt der Meßröhre 105 cm³, nach Absorption der Kohlensäure durch Kalilauge 90 cm³, folglich Gehalt an Kohlensäure auf 105 cm³ Rauchgase: 15 cm³, oder

$$\frac{100 \times 15}{105} = 14{,}3\,^0/_0.$$

In genau derselben Weise verfährt man mit den zwei anderen Absorptionsgefäßen zur Bestimmung des Kohlenoxyds und des Sauerstoffs, doch muß man das Hin- und Herführen des Gases so oft wiederholen, bis keine Volumenabnahme mehr stattfindet. Die Absorption von O_2 und CO geht nämlich viel langsamer vonstatten als die von CO_2. Der Gehalt der Rauchgase an Kohlensäure bzw. Sauerstoff oder Kohlenoxyd läßt genau darauf schließen, ob der Ofen in Ordnung geht oder nicht. Natürlich muß die Untersuchung an verschiedenen Stellen vorgenommen werden. Die Rauchgasanalyse sollte eine ständige Betriebskontrolle sein und in kürzeren Zwischenräumen ausgeführt werden.

Für die ebenso wichtige Messung der Temperaturen im Ofen dienen Pyrometer verschiedener Arten und Ausführungsformen.

Zur Bestimmung niedriger Wärmegrade benutzt man Quecksilberthermometer, die, je nach Herstellung, Meßbereiche bis 550° C haben. In Schutzrohre eingesetzt, finden sie Anwendung zur Messung der Rauchgastemperaturen, also in Füchsen und Sammelkanälen, soweit hier Temperaturen über 500° nicht auftreten. Für die Messung der höheren Ofentemperaturen dienen Pyrometer, von denen die optischen für den praktischen Betrieb besonders geeignet sind; am meisten bekannt und verbreitet unter diesen ist wohl das Wanner-Pyrometer, ein Spektralphotometer, dessen Handhabung sehr einfach ist und schnell erlernt werden kann. Ein Strahlungspyrometer Pyro, das die Vorteile des thermoelektrischen und optischen Pyrometers vereinigt, soll nachstehend als Lehrbeispiel beschrieben werden, s. Abb. 4 und 5 (Pyrowerk, Hannover). Es besteht aus einem Fernrohr von 20 cm Länge, in dessen Objektivbrennpunkt ein höchst empfindliches Thermoelement besonderer Bauart angeordnet ist. Das Rohr selbst ist an dem, dem Beobachter zugewandten Ende zu einer Dose erweitert, welche in ihrem Innern ein Galvanometersystem derart trägt, daß Skala und Zeiger

desselben unmittelbar über dem Okulartubus sichtbar sind. Durch
diese Zusammenlegung von Pyrometer und Galvanometer in ein ein-
ziges Instrument ist eine denkbar einfache günstige Form gefunden.
Verbindungsschnüre und stromführende Teile kommen dadurch in
Fortfall und die Ersparnis an Raum und Gewicht ist sehr erheblich.

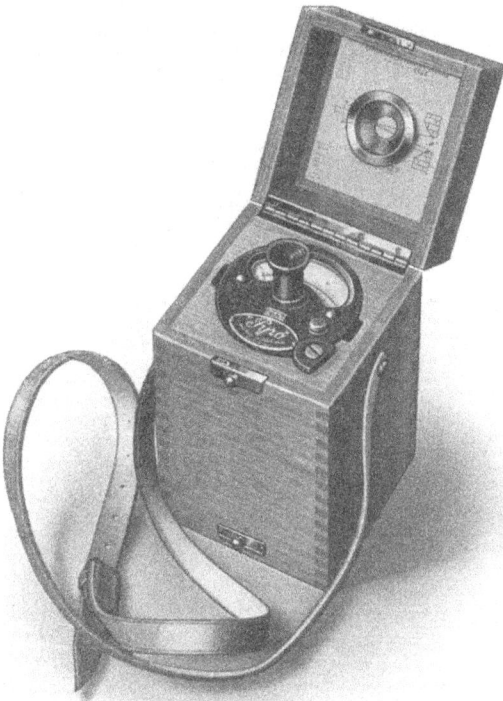

Abb. 4.

Die Handhabung und Bedienung ist außerordentlich einfach.
Das Instrument kann auch nach Belieben mit und ohne Stativ benutzt werden, und zwar erfolgt die Messung von einer Stelle aus,
wo die zu messende Stelle im Ofen gut zu sehen ist, also entsprechend
der Größe des Schaulochs im Abstand von einigen Metern. Im Augenblick der Temperaturbestimmung muß das Schauloch des Ofens vollkommen frei sein, darf also auch nicht durch eine Glas- oder Glimmer-

scheibe bedeckt bleiben. Der Beobachter blickt durch das Fernrohr so hindurch, daß das im Gesichtsfelde erkennbare schwarze Scheibchen des Thermoelementes genau diejenige Stelle des Ofeninnern deckt, deren Temperatur gemessen werden soll. Erscheint die Scheibe und das Gesichtsfeld einem nicht normal sichtigen Auge verschwommen, so stellt man sie wie bei jedem Fernrohr durch Verschieben des Okulars in seinem Auszuge scharf ein. Ist das Instrument dann auf den Ofen gerichtet, so schlägt in demselben Augenblick der auf der Skala über dem Okular spielende Zeiger selbsttätig aus und stellt sich innerhalb 1 bis 2 s auf den der Temperatur entsprechenden Ausschlag ein. Hiermit ist bereits die ganze Messung erledigt, denn die

Abb. 5.

Temperatur kann unmittelbar auf der Skala abgelesen werden. Ist die Temperatur höher als dem gewählten Meßbereich des Pyrometers entspricht, so wird bei Instrumenten mit mehreren Meßbereichen die beigegebene Blende vor das Objektiv gesetzt und an der höheren Skala abgelesen.

Da die Anzeigeträgheit des Instrumentes so gering ist, gestattet es auch, schnell verlaufenden Temperaturschwankungen sofort zu folgen. Die Angaben des Pyrometers sind von dem Abstand desselben vom Ofen solange unabhängig, als im Gesichtfelde des Fernrohres die anvisierte strahlende Fläche das schwarze Scheibchen noch mindestens ganz überdeckt. Wie man sich durch einen Versuch leicht überzeugen kann, beträgt die erforderliche Mindestgröße der Schaulochöffnung des Ofens bei etwa 2 m Abstand des Pyrometers ungefähr nur 7 cm im Durchmesser, sie kann natürlich, wenn man näher an den Ofen herangeht, entsprechend kleiner sein, während man anderseits bei großen Ofenöffnungen ohne Beeinträchtigung des Meßresultates aus Entfernungen von 10 m und mehr messen kann. Es ist belanglos, wenn im Gesichtsfelde die strahlende Fläche mehr oder weniger weit über das schwarze Scheibchen hinausragt, doch hat es sich als zweckmäßig erwiesen, bei der Messung nicht mehr als bis auf 1 m an den Ofen heranzugehen. Um eine schädliche Erwärmung des Instrumentes durch übermäßige Strahlung des Ofens zu vermeiden, wird es in hochvernickelter Ausführung hergestellt. Die Linse ist vor Staub und schädlichen Dämpfen zu schützen und ihre Vorderseite gelegentlich mit einem Stückchen weichen Leders zu reinigen. Der Meßbereich des Instrumentes in dieser Form geht von 700⁰ an aufwärts bis 1400⁰, und kann durch eine zweite Skala von 1300 bis 2000⁰ durch Vorsetzen einer Blende auf das Objektiv erweitert werden. Die Teilung derselben geht von 900⁰ ab von 10 zu 10⁰ und bei einer Temperatur von 1000⁰ kann mit einem Meßfehler von höchstens 10 bis 15 Celsiusgraden gerechnet werden.

Das Instrument kann mit Leichtigkeit mittels einer beliebig langen Verbindungsleitung mit einem zweiten Anzeigensystem oder einem Registrierapparat verbunden werden. Hierdurch ist es möglich, denselben Temperaturverlauf von verschiedenen Stellen aus zu überwachen bzw. aufzuzeichnen.

Bei der Verwendung von Strahlungspyrometern schlechthin ist grundsätzlich zu unterscheiden, ob die Temperatur im allseitig geschlossenen Ofen oder Tiegel (sog. Hohlraumstrahlung) bestimmt werden soll, oder ob der zu messende Körper (Metallblock/Schmelze) eine frei ausstrahlende Oberfläche hat. In beiden Fällen sind die Strahlungsgesetze verschieden, und es sei darauf hingewiesen, daß die Pyrometer normalerweise für den meist vorkommenden Fall der Ofenstrahlung geeicht sind.

Als besondere Vorzüge des Instrumentes werden genannt:

1. Seine Temperaturangaben gründen sich auf einfache physikalische Gesetze und sind unabhängig von der Entfernung des Messenden.
2. Das zu messende Objekt und seine Umgebung sind im Gesichtsfelde des Pyrometers als klares Bild deutlich erkennbar.
3. Das Instrument wird nicht dem schädigenden Einfluß der hocherhitzten Körper ausgesetzt.
4. Die Temperatur kann auch an unzugänglichen Teilen des Ofenraumes gemessen werden.
5. Kontrolle der Temperaturverteilung im Ofen.
6. Soweit die Messungen der Technik in Frage kommen, ist die Genauigkeit ausreichend und unabhängig von äußeren Einflüssen.
7. Seine Einfachheit durch Vereinigung von Pyrometer und Galvanometer in einem einzigen kleinen Instrument.
8. Es bedarf keinerlei Nebenapparate wie Verbindungsleitungen, Hilfsbatterien od. dgl.
9. Das Instrument besitzt keine der Abnutzung unterworfenen Teile.
10. Seine Bedienung stellt an den Beobachter geringste Anforderungen.

Das rohe Steinkohlengas verläßt die Mundstücke der Entgasungsräume mit einer Temperatur von etwa 300°; es ist ein Gas-Dampf-
gemisch von braungelber Farbe, das unangenehm riecht und die
Schleimhäute reizt. Außer Kohlenwasserstoffen, Wasserstoff und
Kohlenoxyd, die das eigentliche Leuchtgas darstellen, enthält es
Wasserdampf, Teerdämpfe, und an gasförmigen Beimengungen Cyanwasserstoff, Ammoniak, Kohlensäure und Schwefelverbindungen, sowie Naphthalin. Diese Beimengungen müssen durch physikalische
und chemische Behandlung des Rohgases möglichst restlos entfernt
werden. Dies geschieht durch:

> Kühlung, Stoßwirkung (mechanische Teerabscheidung), Wa-
> schung und Trockenreinigung.

An Stelle der mechanischen Teerabscheidung ist neuerdings ein Verfahren zur elektrischen Entteerung des Leuchtgases aufgekommen, das
später noch kurz besprochen werden soll; ferner wurde versucht, die
trockene Schwefelreinigung durch nasse Reinigungsmethoden zu ersetzen. Das ist aber in Deutschland noch wenig zur Einführung gelangt; die Methoden zu besprechen, würde Zweck und Umfang dieses
Buches überschreiten.

F. Die Kühlung des Gases.

Durch die Kühlung des Gases werden die im Gas enthaltenen,
bei gewöhnlicher Temperatur nicht beständigen dampfförmigen Bestandteile verflüssigt und niedergeschlagen, um dann durch besondere
Einrichtungen abgeleitet zu werden. Die Endkühlung des Gases soll
möglichst bis auf 12 bis 15° erfolgen. Der größte Teil des Teer- und
Wassergehalts wird durch die Kühlung aus dem Rohgas entfernt, dabei gleichzeitig ein großer Teil der Beimengungen (Kohlensäure,
Ammoniak, Naphthalin, Schwefelwasserstoff). Die Kühlung beginnt
bereits in den Übergangs- bzw. Steigerohren von den Mundstücken
bis zur Teervorlage. In der Teervorlage wird das Gas weiter bis
unter 100° abgekühlt. Zur Vermeidung von Verstopfungen und
Hartpechbildung müssen Übergangs- und Steigerohre sowie die Vorlage gegen zu starke Erwärmung geschützt, also möglichst kühl gehalten werden; dies wird gut erreicht durch Einspritzen von Gaswasser in die Rohre und Einleiten von solchem in die Vorlage, womit
gleichzeitig auch eine Gaskühlung eintritt. Die Vorlage ist entweder
eine durchgehende Sammelvorlage für alle Steige- bzw. Liegerohre
eines Ofens, oder sie enthält Einzelabteilungen für jedes Rohr; bei
größeren Einheiten hat vielfach jede Kammer bzw. Retorte oder jedes
Retortenpaar eine eigene Vorlage.

Abb. 6 zeigt die Einrichtung einer Vorlage im Querschnitt.
In der Vorlage findet die erste Ansammlung und weitere Abscheidung
eines Teer- und Wassergemisches statt. In dieses tauchen die Steigerohre bis zu einer geringen durch Schieber einstellbaren Tiefe ein, um
ein Zurücktreten des Gases aus der Vorlage in die Steigerohre und beim
Laden ein Einsaugen von Luft durch die geöffneten Verschlüsse der
Retorten zu vermeiden.

Die in der Vorlage sich ansammelnde Flüssigkeit trennt sich nach ihrem spezifischen Gewicht derart, daß sich der Teer unten, das Gaswasser oben befindet. Der Abfluß wird am besten durch Droryschieber geregelt, s. Abb. 7; bei diesen wird der Teer unter der Scheide-

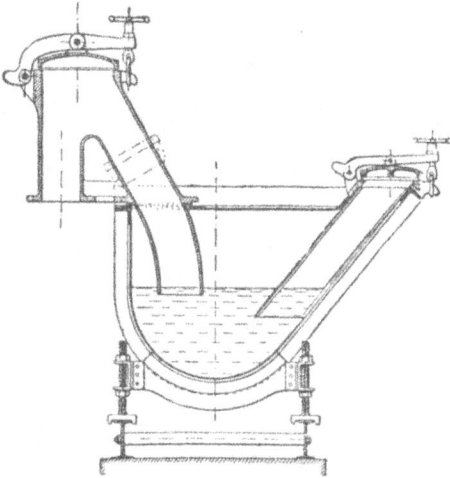

Abb. 6.

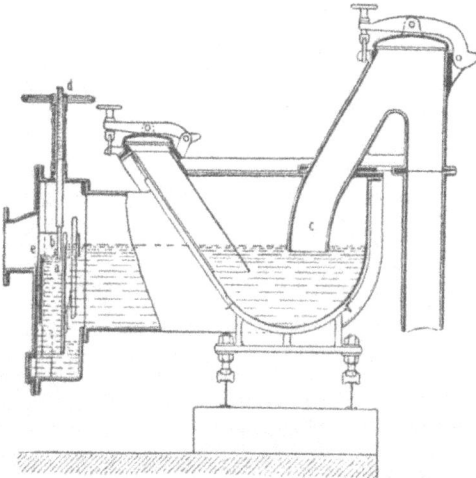

Abb. 7.

wand *a* über die Kante *e* in die Teerleitung abgeführt, während durch den Schlitz *b* in der Scheidewand das Gaswasser direkt abfließt. Die Scheidewand *a* ist durch die Spindel *d* einstellbar, mit ihr verbunden ist die Kante *c*. Durch diese Schiebereinrichtung ist es also möglich, die Teervorlage von Teerablagerungen rein zu halten, aber auch die Eintauchtiefe der Steigerohre zu regeln, selbst wenn der Teerabgang durch Dickteer verstopft sein sollte. Die Kondensate fließen durch eine besondere Leitung in die Sammelgrube für Teer und Ammoniakwasser, in welche auch die Abgänge der weiteren Apparatenanlage einlaufen. Diese Sammelgrube ist unterteilt; Teer und Ammoniakwasser scheiden sich nach ihrem spezifischen Gewicht und sammeln sich getrennt in Einzelkammern.

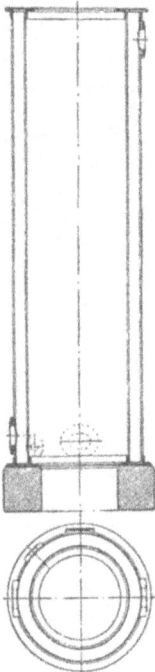

Man kann bei allen Gaserzeugungsöfen auch Vorlagen ohne Tauchung anwenden, außer bei Vertikalöfen geschieht dies auch bei Horizontalkammer- und Kleinkammeröfen. Bei Horizontalretortenöfen wird man jedoch die Tauchvorlage beibehalten, einmal, weil es bei den kurzen Ausstehzeiten und dem meist in geringer Zahl vorhandenen Bedienungspersonal besonders umständlich ist, bei jeder Entleerung bzw. Ladung der Retorten auf die Öfen zu steigen und das Steigerohrventil zu schließen bzw. zu öffnen. Es ist daher einfacher, hier eine Tauchvorlage zu verwenden. Dann aber sprechen auch Sicherheitsgründe dafür, weil selbst bei kurzem Lüften des Mundstückdeckels und vorhandenem höheren Druck in der Vorlage Gas zurücktreten und der Bedienungsmann dadurch verletzt werden kann.

Das Gas verläßt die Vorlage durch das Gasabgangsrohr in die Hauptsammelleitung, um der eigentlichen Kühlanlage zugeführt zu werden. Schon die Sammelleitung wirkt als Kühler, besonders, wenn sie über längere Strecken bis zur Kühlanlage geführt wird.

Abb. 8.

Es hat früher einen lebhaften Meinungsaustausch gegeben, ob langsame oder rasche Kühlung am vorteilhaftesten wirken. Bei rascher Kühlung geht ein großer Teil des Teers nicht in den flüssigen Zustand über, sondern er bildet Teernebel, die nur durch Stoßwirkung (mechanische Reinigung) entfernt werden können. Durch diese Teernebel wird auch Naphthalin nicht zur Ausfällung gebracht, wodurch Naphthalinstörungen stärker auftreten. Bei langsamer Kühlung sättigt sich das Gas entsprechend seiner jeweiligen Temperatur mit Teerdämpfen (und Wasserdampf), und der Teer löst das an den Kühlerwandungen sich niederschlagende Naphthalin in flüssige Form auf

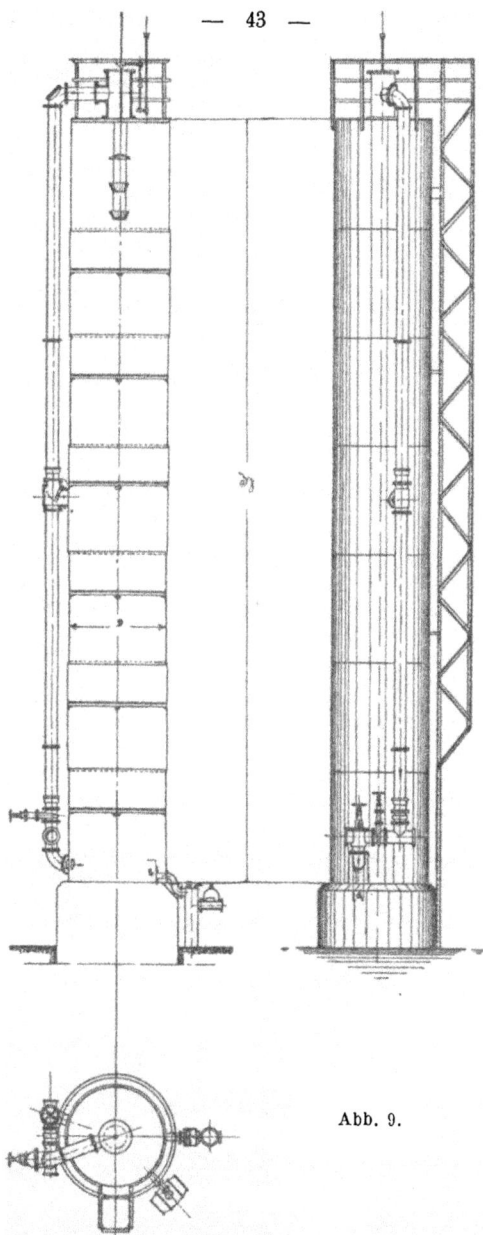

Abb. 9.

und führt es ab. Daher wird im allgemeinen die langsame Kühlung angewandt, zuerst die Luft- und später die Wasserkühlung.

Die im Freien liegende Sammelleitung sollte daher ebenfalls gegen zu schnelle starke Abkühlung des Gases geschützt bzw. isoliert werden und genügendes Gefälle erhalten, damit die in ihr sich bildenden Kondensate abfließen können. Aus der Sammelleitung tritt das Gas in den Luftkühler mit etwa 60 bis 70° oben ein. Abb. 8 zeigt einen einfachen Ringluftkühler. Er besteht aus zwei konzentrisch angeordneten Rohren, durch deren ringförmigen Zwischenraum von etwa 100 bis höchstens 150 mm Stärke das Gas geleitet wird. Das äußere Rohr hat eine Lichtweite von 700 bis 3000 mm, das innere von 500 bis 2700 mm; die Höhe beträgt bis 18 m. Das Gas tritt oben ein und unten aus. Innen und außen umspült die Luft die Kühlerwandungen. Es muß zwecks guter Luftzirkulation für ausreichende Abzugsmöglichkeit der erwärmten Luft durch einen Dachaufsatz oberhalb des Kühlers gesorgt werden, wie es auch manchmal zweckmäßig sein kann, kühlere Luft durch einen besonderen Kanal zuzuführen. Der Kanalquerschnitt muß regulier- bzw. abstellbar sein.

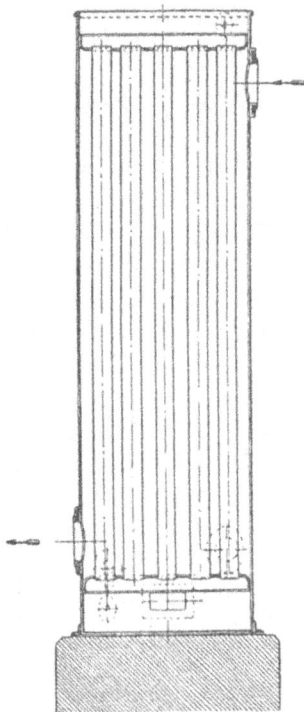

Abb. 9 zeigt einen Klönneschen Raumkühler, bei welchem das Gas unten ein- und oben austritt, also umgekehrt wie bei dem vorhin beschriebenen Ringluftkühler.

Die Großraumkühler erweisen sich als sehr gut, auch wenn sich bei rascher Abkühlung des Gases Teernebel bilden. Durch den Großraum des Kühlers erhält das Gas eine geringe Geschwindigkeit, die soweit verringert werden kann, daß sie kleiner ist als die Fallgeschwindigkeit der gebildeten Teertröpfchen. Dadurch wird das aufsteigende Gas einem Teerregen entgegengeführt, und diese innige Berührung des Teeres mit dem aufzulösenden Naphthalin ist sehr wirkungsvoll.

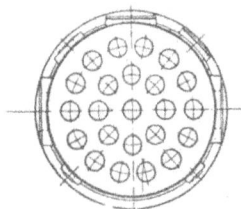

In der Luftkühlanlage wird das Gas auf etwa 30 bis 35° abgekühlt, die Wasserkühler dienen der weiteren Abkühlung. Die verbreitetsten Wasserkühler sind die Röhrenkühler, welche nach dem Gegenstromprinzip arbeiten. Die Kühler ent-

Abb. 10.

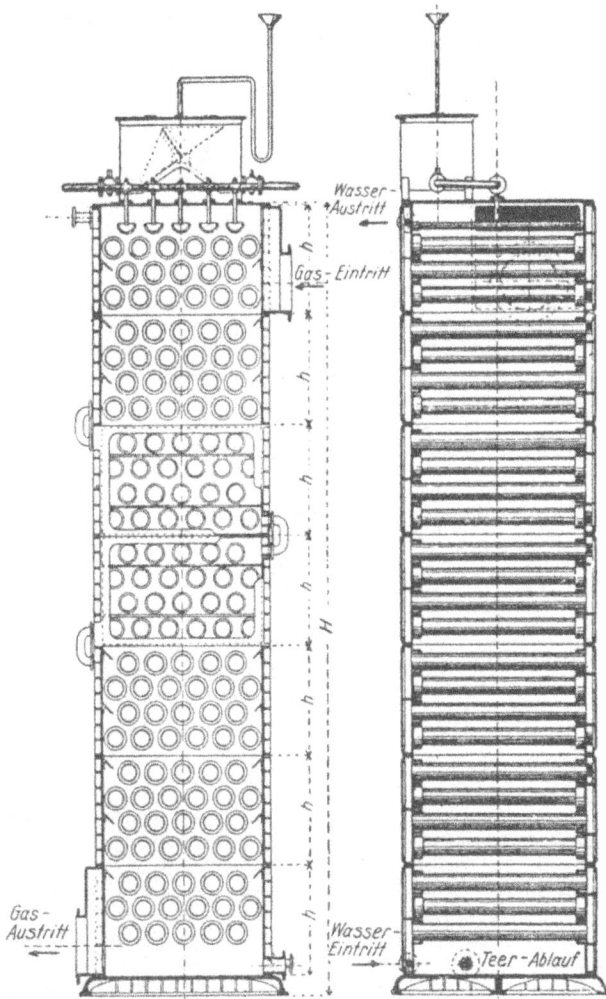

Abb. 11.

halten ein System von Rohren. Das Gas tritt in den oberen Teil des Kühlers ein, umspült die Rohre und tritt unten wieder aus, während das Wasser unten in die Rohre eintritt, die Rohre umspült und oben abgeführt wird. Es kommt also das kühlere Gas mit mehr gekühlten

Rohren und umgekehrt das wärmere Gas mit weniger gekühlten in
Berührung, so daß eine allmähliche Kühlung auch hier nach Möglichkeit gewährleistet ist (Abb. 10). Auf vielen Gaswerken sind
Reutterkühler s. Abb. 11, oder Bolzkühler u. a. in Betrieb. Da diese
Kühler sehr intensiv kühlen, so stellt man sie am besten, wie die
Wasserkühlung überhaupt, erst hinter dem Teerscheider bzw. vor
den Ammoniakwäschern auf. Die Rohrleitungen sowie die Kühler
sind am Eingang und Ausgang mit Druckmessern zu versehen, um
etwaige Verstopfungen sofort feststellen zu können; je mehr Druckmesser auf einem Gaswerk angebracht sind, desto besser kann der
Betrieb übersehen werden. Die Druckmesser sind ständig zu über-

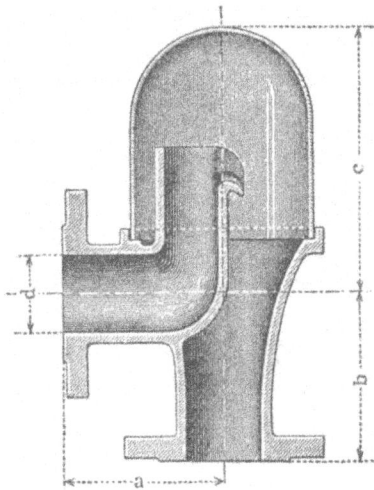

Abb. 12.

wachen, und entsprechende Eintragungen in den Betriebsbericht
regelmäßig vorzunehmen. Außergewöhnliche Druckerhöhungen zeigen
eine Verstopfung bzw. Störung im Gasdurchgang an, deren örtliche
Lage durch Druckmessungen und Vergleiche festgestellt werden kann.
Ist z. B. in der Vorlage und im Luftkühler eine Druckerhöhung und
in den nachfolgenden Kühlern Unterdruck, so ist auf eine Verstopfung
zwischen Luftkühler und den folgenden Kühlern zu schließen usw.;
eine solche Verstopfung kann z. B. dadurch, daß kein Teer abfließen
kann, durch den Tauchtopf hervorgerufen werden. Zur Überwachung
der Temperatur sind Eingang und Ausgang jedes einzelnen Kühlers
mit Thermometern zu versehen, um den Vorgang der Kühlung überwachen und regeln zu können. Die Überwachung der Kühlanlage
erstreckt sich also in der Hauptsache auf Druck- und Temperatur-
messungen. Daß die Menge des Kühlwassers auf das unbedingt notwendige Maß beschränkt werden muß, ist selbstverständlich.

Das in den Kühlern abgeschiedene Gaswasser und der Teer sammeln sich im unteren Teil der Apparate an und müssen von hier aus entfernt werden. Dies geschieht durch eine Rohrleitung. Damit kein Gas in diese Rohrleitung übertreten kann, wird ein Tauchtopf eingebaut, dessen Tauchung so hoch ist, daß ein Durchschlagen auch bei auftretenden kurzen Druckschwankungen verhindert wird. Der Überlauf des Tauchtopfes ist sichtbar anzulegen, damit man die Teerabscheidung und den Ablauf überwachen kann. Der sichtbare Überlauf wird zweckmäßig durch eine Glasglocke abgedeckt, um Geruch zu vermeiden (Abb. 12). Wichtig ist, Kühlwasser von genügender Temperatur zu beschaffen, und dieses Kühlwasser sauber zuzuführen, damit es in den Apparaten keine Verstopfungen durch Ablagerungen verursacht. Aber auch die Räume müssen entsprechend kühl gehalten, die Apparate gegen Sonnenbestrahlung durch Vorhänge an den Fenstern geschützt werden.

G. Die Teerabscheidung.

Außer dem in den Rohrleitungen und in den Kühlern ausgeschiedenen Teer ist noch Teer in Nebelform vorhanden. Diese Teernebel können durch Kondensation nicht, wohl aber durch mechanische Einwirkung aus dem Gas entfernt werden. Man läßt das Gas unter Druckerhöhung in sehr feine Ströme zerteilt auf feste Flächen stoßen, wobei die Dunstbläschen zerplatzen und sich zu Tropfen vereinigen. Diesem Zweck dient der Teerabscheider. Die Stoßwirkung wird beim Teerscheider, System Pelouze, dadurch erzielt, daß das Gas durch eine Reihe von feindurchlöcherten Blechglocken, deren Schlitze so gegeneinander verstellt sind, daß das Gas immer nach Durchströmen der Schlitze einer Glocke wieder auf eine andere Glocke aufprallt, hindurch muß. Diese zusammenhängenden Glocken kann man durch entsprechende Belastungsänderung mehr oder weniger tief in die Tauchung einlassen und dadurch den Druck des eintretenden Gases mehr oder weniger erhöhen. Die je nach der Erzeugung schwankende, durchfließende Gasmenge hebt bei Verstärkung der Produktion die Glocke und gibt dadurch einen größeren Querschnitt der gelochten Fläche frei, während sie umgekehrt bei geringerer Produktion tiefer eintaucht. Es gibt eine größere Anzahl verschiedener solcher Teerscheider; am bekanntesten aber ist der bereits erwähnte von Audouin und Pelouze. Die Wirkung der Teerscheider ist bei richtiger Einstellung und Behandlung gut (Abb. 13).

Zweckmäßig ist es, wie schon erwähnt, die Teerscheider vor der Wasserkühlung hinter den Gassaugern einzuschalten, damit das Gas noch mindestens eine Temperatur von 30° hat, wenn es in den Teerscheider eintritt. Die Überwachung des Teerscheiders beruht hauptsächlich darauf, den Druck und die Temperatur zu beobachten und am Ein- und Ausgang den Teergehalt des Gases zu bestimmen. Dieses geschieht im allgemeinen mittels des Droryschen Probierhahnes (Abb. 14). Arbeitet der Apparat gut, so darf eine nennenswerte Färbung des auf den Droryschen Hahn gehaltenen Papieres am Ausgang des Teerscheiders nicht eintreten. Tritt Färbung auf, so muß man entweder durch Belasten der Glocke die Druckdifferenz erhöhen, oder aber die Glocke ist verschmutzt, vorausgesetzt, daß der Teerscheider in seiner Größe der Produktion entspricht und nicht überlastet ist. Ist die Glocke verschmutzt, so muß der Teerscheider außer Betrieb gesetzt und die Glocke sofort gereinigt werden. Dies geschieht am besten durch Abwaschen mit Rohbenzol und Petroleum. Die Wirkung des Teerscheiders ist abhängig von dem Druckunterschied zwischen Ein- und Ausgang. Am zweckmäßigsten ist es, mit einem Druckunterschied von 75 bis 100 mm Wassersäule zu arbeiten. Um den Teerscheider während der Reinigung nicht ausschalten zu müssen, empfiehlt es sich, eine Reserveglocke vorrätig zu halten. Die Wirkung der Teerscheider ist sehr gut, der Teer wird bei guter Überwachung der Anlage fast völlig ausgeschieden.

Ein neues Verfahren, die Gasentteerung durch Elektrofilter (Lurgi Apparatebau-Gesellschaft MBH Frankfurt a. M.), hat in letzter Zeit auf vielen Gaswerken Eingang gefunden. Es beruht auf der Ionisation

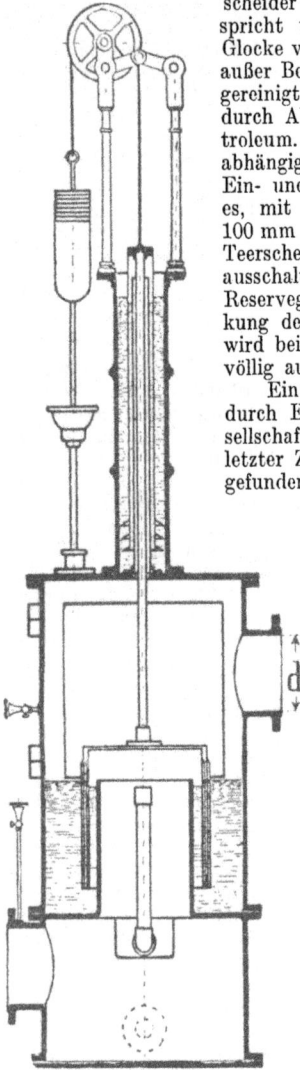

Abb. 13.

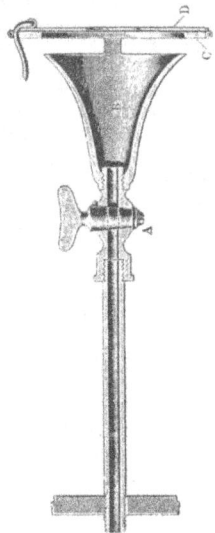

Abb. 14.

und Abscheidung der in Gasen und Abgasen enthaltenen staub- und nebelförmigen Bestandteilen, wozu auch der Teer gehört, durch hochgespannten Gleichstrom. Ein Elektrofilter besteht aus einem System von mit hochgespanntem, gleichgerichtetem Strom gespeisten Sprühdrähten und geerdeten Niederschlagselektroden, die in einem gasdichten Gehäuse untergebracht sind. Für Gaswerke werden die Filter meist als Röhren- und Plattenfilter ausgebildet. Das aus der Vorkühlung kommende Rohgas tritt mit einer Temperatur von etwa 20 bis 30° unten in die Filter ein, durchstreicht die elektrischen Felder und gelangt als teerfreies Gas in die weiteren Reinigungsapparate. Am Boden der Filter fließt der abgeschiedene Teer in der üblichen Weise ab. Der Druckverlust mit 2 bis 3 mm WS ist außerordentlich gering.

Die erforderliche Hochspannungsmaschine wird in der Nähe der Filter in einem gasgeschützten Raum aufgestellt. Sie besteht aus einem Drehstromumspanner für 40000 bis 70000 V, einem motorisch angetriebenen Gleichrichter und den zugehörigen Schalt-, Regel- und Meßeinrichtungen. Der Kraftverbrauch eines Elektrofilters, an der Hochspannungsmaschine gemessen, beträgt je nach Filtergröße 1,2 bis 2 kWh je 1000 m³ zu reinigendes Gas.

Der restliche Teernebelgehalt des gereinigten Gases wird als unter 0,01 g/m³ angegeben. Der Reinigungsgrad ist also ein sehr hoher. Dies wirkt sich vorteilhaft für die gesamte nachfolgende Reinigungsanlage aus; auch die lästigen Gumbildungen sollen wenigstens zu einem großen Teil verschwinden.

H. Gassauger und Regelungsvorrichtungen.

Durch die Gasentwicklung in der Retorte bzw. Kammer entsteht ein Druck, der bei kleinen Anlagen ausreicht, das Gas durch die Apparatenanlage zu treiben und den Gasbehälter hochzudrücken, aber Druck in den Entgasungsräumen ist nachteilig für die Gasbeschaffenheit, da die schweren Kohlenwasserstoffe weitgehend gespalten werden, was zu stärkerem Graphitansatz führt; starker Graphitansatz aber ist kein Gewinn, sondern wertvoller Gasverlust.

Bei Verstopfungen in der Apparatenanlage macht sich der Drucknachteil noch verstärkt bemerkbar, da die Retortenwandungen an sich stets etwas gasdurchlässig sind; zu der Qualitätsminderung des Gases tritt also noch erhöhter Gasverlust. Aus diesen Gründen schaltet man fast allgemein bei einigermaßen entsprechenden Anlagen einen Gasförderer, den Gassauger, in die Apparatenanlage ein, der das Gas aus den Entgasungsräumen absaugt und durch die nachfolgenden Apparate drückt. Der Druck in der Vorlage soll auf ± 0 gehalten werden, was durch den Gasförderer und die zugehörige Apparatur erreichbar ist.

Wie zu hoher Druck, ist auch Unterdruck in den Entgasungsräumen nachteilig, da dadurch Rauchgase und Luft eingesaugt werden können.

Die Gassauger werden in verschiedenen Bauarten ausgeführt. Meistens finden heute vierflügelige rotierende Sauger Aufstellung, seltener Kolbensauger; auch Kapselradgebläse und Gasverdichter finden Anwendung.

Abb. 15 und 16 zeigen einen rotierenden vierflügeligen Gassauger. Der Antrieb erfolgt meistens durch direkt gekuppelte Dampfmaschinen,

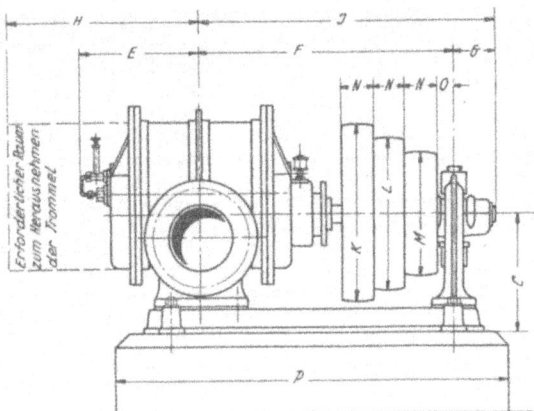

Abb. 15.

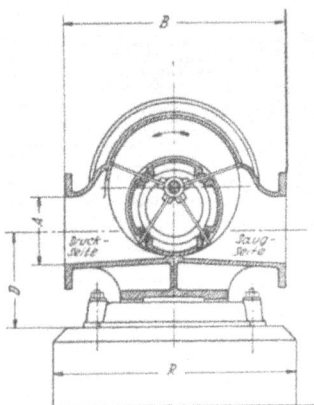

Abb. 16.

auch elektromotorisch, und, besonders bei kleineren Anlagen, durch Riemenantrieb.

Die Gassauger müssen mit Regelvorrichtungen versehen werden, die ihre Förderleistung der jeweils entwickelten Gasmenge anpassen, damit der Druck ± 0 in der Vorlage beibehalten werden kann. Diese Regelvorrichtungen können zweierlei Art sein, einmal kann die Förderung des Gassaugers beeinflußt werden durch die Umlaufgeschwindigkeit der Dampfmaschine, die sich durch einen Regler der Gasentwicklung anpaßt, und zum anderen, daß durch einen Umlauf zuviel angesaugtes Gas wieder in die Saugleitung zurückgeführt wird. Die ersteren Einrichtungen sind die Dampfzuflußregler, die letzteren die Gasumlaufregler. Der bekannteste Dampfzuflußregler ist der Hahnsche Regler (Abb. 17). Dieser arbeitet aber mit großer Verzögerung, d. h. die Druckschwankungen in der Vorlage infolge der wechselnden Gasentwicklung werden zu langsam von dem Regler aufgenommen. Dadurch wird der Hauptzweck, ein zu langes Verweilen des entwickelten Gases in der Retorte zu vermeiden, oder bei zu geringer Gasentwicklung durch den entstehenden Unterdruck ein Ansaugen von Rauchgas oder Luft zu verhindern, größtenteils verfehlt. Die Umlaufregler arbeiten günstiger (Abb. 18). Es sind verschiedene Konstruktionen auf dem Markt, so von Bamag, Elster, Pintsch u. a. Sie arbeiten gut und empfindlich, aber bei den wechselnden Widerständen in den Rohrleitungen entsteht doch öfter ein veränderlicher Druck in der Vorlage. Um eine Feinregulierung des Vorlagedruckes zu erreichen,

Abb. 17.

sind Absaugungsregler gebaut worden (Apparatebau Witten-Ruhr, Junkers Thermo-Technik, Dessau); das sind Regler, bei denen der Vorlagedruck durch eine Impulsleitung auf eine Membrane übertragen wird; dadurch wird der Kolben eines kleinen Steuerventils betätigt, der ein Druckmittel (Druckwasser, Preßluft, meistens Öl) auf die eine oder andere Seite eines Stellzylinders lenkt, wodurch dann das Drosselorgan beeinflußt wird. Eine geringe Druckänderung in der Vorlage wird etwa mit Schallgeschwindigkeit auf die Membrane übertragen; so werden selbst Druckschwankungen von weniger als einem Milli-

4*

meter sehr schnell ausgeglichen. Als Drosselorgan wird vorzugs-
weise eine Drosselklappe in der Rohrleitung empfohlen. Es kann
aber auch der Umlaufregler mit einwandfreiem Erfolg beibehalten
werden. Der Umlaufregler wird dann wie die Drosselklappe durch die
Stellzylinder des Saugungsreglers betätigt. Auch die Dampfmaschine
des Gassaugers kann durch diesen
Saugungsregler nachgeregelt werden.

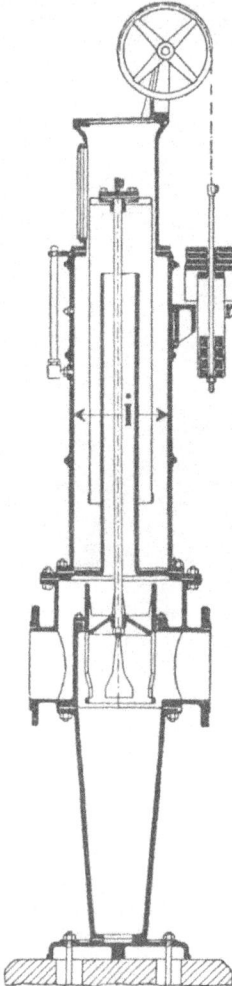

Abb. 18.

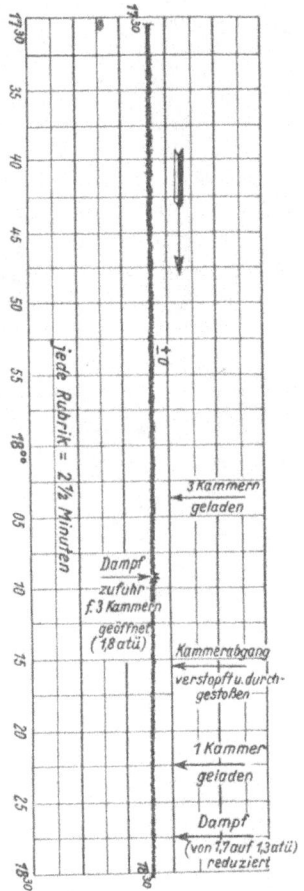

Abb. 19.

Es empfiehlt sich dringend, das Arbeiten des Gassaugers bzw. des Reglers durch einen registrierenden Druckmesser, der die Druckverhältnisse in der Vorlage anzeigt, zu überwachen. Abb. 19 zeigt ein Druckdiagramm eines Absaugungsreglers, direkt an der Vorlage entnommen. Es läßt erkennen, wie gleichmäßig der Absaugungsregler arbeitet und wie feinfühlig er ist.

Die Absaugungsregler sind sehr zu empfehlen. Als Schmiermittel für den Gassauger ist ein solches zu wählen, das den im Sauger sich abscheidenden Teer zu lösen vermag; ein gutes Schmiermittel ist Anthrazenöl. Aber auch ständig zulaufendes Ammoniakwasser hat sich bewährt. Nach der heutigen Erfahrung wird der Gassauger hinter der Luftkühlung und vor dem Teerscheider aufgestellt. Die Wasserkühlung erfolgt hinter dem Teerscheider und vor dem Ammoniakwäscher.

J. Die Ammoniakgewinnung.

Bei der Entgasung der Kohle bilden sich aus dem organischen Stickstoff höhermolekulare und einfache Körper. Die höhermolekularen gehen durch den Reinigungsprozeß des Rohgases in den Teer, nur zwei einfache Verbindungen, Ammoniak NH^3 und Cyanwasserstoff HCN bleiben größtenteils im Gas. Das sind einmal wirtschaftlich wertvolle, dann aber auch stark aggressive Körper, die die Rostbildung im Rohrnetz fördern, die Metalle angreifen und die Gasmesser vorzeitig zerstören. Ihre Entfernung aus dem Gase ist daher geboten.

Die Auswaschung des Ammoniaks findet in Ammoniakwäschern statt, in welchen das Gas mit Wasser in innige Berührung gebracht wird. Wasser nimmt Ammoniak sehr begierig auf, es löst bei 0^0 etwa das 1200fache seines Rauminhalts. Das ist ein chemischer Vorgang nach der Formel:

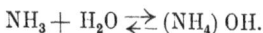

$$NH_3 + H_2O \rightleftarrows (NH_4) OH.$$

Es entsteht Ammoniumhydroxyd, das mit steigender Temperatur wieder in Wasser und Ammoniak zerfällt. Das Ammoniak ist von stechend scharfem Geruch, es bildet mit Säuren leicht Salze.

Das Rohgas enthält in 100 m³ 500 bis 800 g Ammoniak. Dieser Gehalt sollte durch Waschung annähernd ganz aus dem Gas entfernt werden, so daß das Reingas beim Eintritt in das Rohrnetz nicht mehr als 0,5 g NH_3 je 100 m³ enthält.

Durch die Kühlung wird bereits ein erheblicher Teil des Ammoniaks aus dem Gase entfernt; bei der eigentlichen Waschung ist darauf zu achten, daß gutgekühltes Gas mit recht kaltem Wasser in innige Berührung kommt, da mit steigender Temperatur des Wassers seine Aufnahmefähigkeit für Ammoniak sinkt. Die Waschapparate sind so zu betreiben, daß das Gas erst mit schwachem Ammoniakwasser und zuletzt mit reinem Wasser gewaschen wird. Es sind eine ganze Anzahl Ammoniakwäscher verschiedenster Ausführungsform gebaut worden. Grundsätzlich müssen sie das Wasser möglichst fein verteilen, damit es dem Gas eine große Oberfläche darbietet. Um Inkrustierungen im Wascher zu vermeiden, darf das Wasser keine zu hohe Härte haben.

Die stehenden Wascher sind große Blechzylinder, in welchen man durch Streudüsen feinverteiltes Wasser von oben dem von unten aufsteigenden Gasstrom entgegengeführt; heute werden sie meistens mit Holzhorden ausgerüstet, das sind Holzpakete aus feingeschnittenen Lamellen mit schmalem Zwischenraum, durch die der Gasstrom weit aufgeteilt hindurchgehen muß. Die Holzpakete liegen in einer größeren Anzahl kreuzweise übereinander (Abb. 20). Durch ein Kippgefäß, das auf dem Wascher angeordnet ist, werden sie in regelmäßigen Zeitabschnitten (Minuten!) mit Wasser beschickt. Die Holzhorden sind weitgehend ausgebildet worden, um eine möglichst tropfenweise Aufteilung des Wassers zu erreichen. Statt der Holzhorden werden die Wascher auch mit kleinstückigen festen Körpern, wie Koks, Kieselsteinen, auch Holzwolle, ausgefüllt, über die das Wasser herunterrieselt. Auch ist die Füllung beweglich ausgeführt worden; bei dem Ledigwascher, der aus mehreren aufeinandergesetzten Kammern besteht, die mit Wasser gefüllt sind, befinden sich in diesen Kammern Blechpakete, die durch eine maschinell betriebene Stange

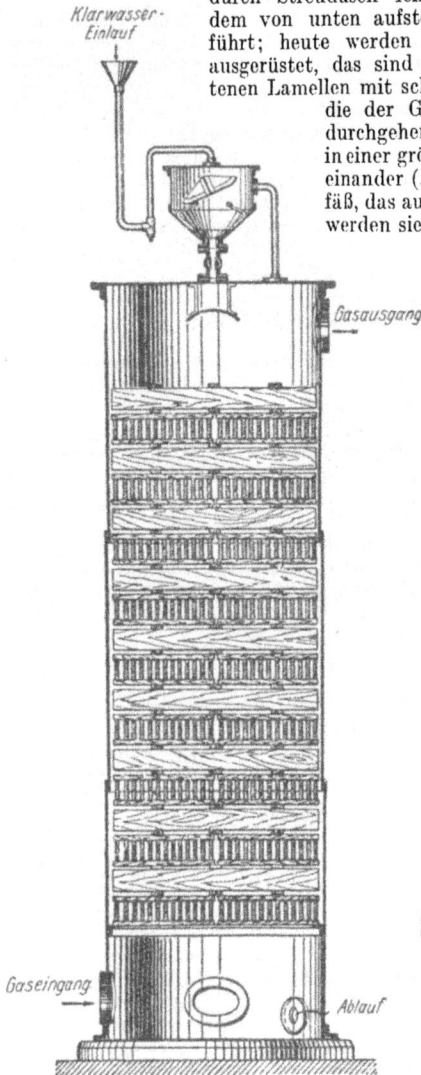

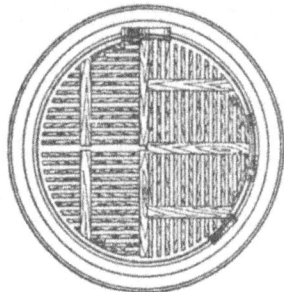

Abb. 20.

auf- und abbewegt werden; durch die Bewegung werden die Blechpakete im Rhythmus in das Wasser eingetaucht und wieder heraus-
gehoben, und das Gas strömt aufgeteilt zwischen den benetzten
Blechen durch.

Bei den rotierenden Wäschern (Standardwäscher von Bamag,
Zschocke u. a.) muß das Gas durch eine Anzahl mit Wasser gefüllter
Kammern wandern, in welchen es durch bewegte Holzpakete oder
kleine Körper in Kugelform in innige Berührung mit dem Wasser
gebracht wird. Der Wascher von Holmes ist ein stehender Wascher,
in dessen einzelnen Abteilungen eine rotierende Welle angebracht ist,
auf der sich Bürsten aus Piassava oder ähnlichen Pflanzenfasern befinden, die dicht an den Wandungen vorbeistreifen, um eine feine
Verteilung des Gases und Wassers zu erreichen.

Erwähnt sei ferner noch der Schleuderwäscher der Bamag, bei
welchem das Wasser in jeder Kolonne fein zerstäubt wird, und der
Kolonnenwäscher von Klönne.

Durch den Waschprozeß wird das Gas von dem Ammoniak bis
auf 5 bis 10 g in 100 m³ befreit. Dies ist leicht durch den Wasch-
vorgang zu erreichen.

Bei dem Waschprozeß wird nicht nur das Ammoniak, sondern
auch ein Teil der Kohlensäure dem Wasser entzogen. Die Überwachung der Ammoniakwäsche geschieht durch Beobachtung der
Temperatur des Gases und Waschwassers, und der zugeführten Menge
des letzteren, die so geregelt werden muß, daß die Auswaschung fast
restlos erfolgt; zuviel zugeführtes Wasser aber ist außer sonstigen
betrieblichen Unkosten insofern nachteilig, als das gewonnene Ammoniakwasser zu schwach wird. Bei den meisten Waschern ist es möglich, durch Entnahme von Wasser- und Gasproben an den einzelnen
Kolonnen festzustellen, ob der Wäscher und die einzelnen Kolonnen
gut arbeiten oder Störungen vorhanden sind. Diese Untersuchungen
sollten regelmäßig geschehen, wie auch besonders darauf zu achten
ist, daß die Wäscher nicht der direkten Sonnenbestrahlung ausgesetzt
sind, sondern durch Fenstervorhänge davor geschützt werden. Das
gewonnene Ammoniakwasser fließt in die Sammelgrube, aus der es
zur Weiterverarbeitung auf konzentriertes Gaswasser, Salmiakgeist,
schwefelsaures Ammoniak entnommen wird. Auch wird es oft, besonders von kleinen Werken, direkt an die Landwirtschaft abgegeben.
Das rohe Ammoniakwasser verträgt wenig Frachtkosten. Nach den
Feststellungen des Gasinstitutes Karlsruhe (GWF 1923, Heft 2, S. 25
u. f.) steht der Anwendung des Rohgaswassers zu Düngezwecken unter
Beobachtung bestimmter Vorsichtsmaßnahmen nichts entgegen, das
Gaswasser hat praktisch hohen Düngewert. Es soll nicht als Kopf-
dünger verwendet werden. Wird es aber im Herbst auf die Brache
oder 3 bis 4 Wochen vor der Bestellung auf die Felder gebracht, so
genügt das, um bei einigermaßen günstigen Bodenverhältnissen die
schädlichen Bestandteile zu oxydieren und unschädlich zu machen,
und gleichzeitig den Ammoniakstickstoff in assimilierbaren Stickstoff
überzuführen. Nach praktischen Erfahrungen soll ein Gaswasser von
1 bis 1,4° Bè zur Düngung verwendet werden. Bei durchlässigen und
gut durchlüfteten Böden wird die Oxydation der schädlichen Bestand-

teile schneller verlaufen als in schweren, stark bindigen und nassen. Kennt man die Böden noch nicht in ihrem Verhalten, so soll die Zeit zwischen Düngung und Bestellung nicht zu kurz gewählt werden. Für weitere Kenntnisnahme wird auf die erwähnte Abhandlung verwiesen.

Die Untersuchung des Ammoniakgehaltes im Gase kann nach folgendem Verfahren geschehen: In eine Waschflasche nach Drehschmidt gibt man 25 cm³ 1/20 Normalschwefelsäure, der 1 bis 2 Tropfen Methylorangelösung zur Rotfärbung zugesetzt werden. Dann läßt man 100 l Gas hindurchgehen mit einer Geschwindigkeit von 70 l stündlich. Um den Schwefelwasserstoff vorher aus dem Gas zu entfernen, wird vor der Gasuhr die mit Bleizuckerlösung beschickte Woulffsche Flasche eingeschaltet. Sind 100 l Gas hindurchgegangen, so wird die Waschflache abgenommen und das Tauchrohr in- und auswendig mit destilliertem Wasser, das man zu dem übrigen Inhalt fließen läßt, abgespült. Der Inhalt der Waschflasche wird nunmehr mit 1/20 Normalkalilauge zurücktitriert. Man setzt solange 1/20 Normalkalilauge zu, bis die durch Methylorangelösung rot gefärbte 1/20-Normalschwefelsäure in eine gelbe Farbe umschlägt. Der Verbrauch an 1/20 Normalkalilauge, die man aus einer Meßpipette tropfenweise zusetzt, wird von den 25 cm³ Säure abgezogen und der Rest mit 0,8535 multipliziert. Die so erhaltene Zahl gibt den Ammoniakgehalt in 100 m³ Gas an, da 1 cm³ Normalschwefelsäure 0,0008535 g Ammoniak entspricht. Bei dem Titrieren ist sehr sorgfältig zu verfahren, damit nicht mehr 1/20 Normalkalilauge zugesetzt wird, bis gerade die rote Färbung beginnt, in eine gelbe Färbung umzuschlagen.

Beispiel: Um einen Umschlag der roten Farbe in gelb hervorzurufen, also zum Neutralisieren der überschüssigen Säure, waren 20,5 cm³ 1/20 Normalkalilauge anzuwenden. Von der vorgelegten 1/20 Normalschwefelsäure wurden demnach durch das im Gas vorhandene Ammoniak 20 − 20,5 = 4,5 cm³ verbraucht. Dies ergibt: 4,5 × 0,8535 = 3,84 g NH_3 in 100 m³ Gas. Der Ammoniakgehalt des ungewaschenen Gases, also des Gases, welches vor der Ammoniakwäsche entnommen wird, wird in der Weise bestimmt, daß man bei der gleichen Anordnung in die Waschflasche 50 cm³ 1/2 Normalschwefelsäure einfüllt, die ebenfalls mit Methylorangelösung gefärbt ist. Man titriert dann mit 1/2 Normalkalilauge. 1 cm³ der 1/2 Normalsäure entspricht dann 0,0085 g Ammoniak oder 8,51 g in 100 m³. Die Bestimmung des Ammoniaks im ablaufenden Waschwasser wird durch direkte Titration wie folgt ausgeführt. Man nimmt 10 cm³ und verdünnt sie mit 250 cm³ destilliertem Wasser, setzt wieder 3 bis 4 Tropfen Methylorange zur Färbung zu und titriert mit Normalschwefelsäure bis zur Rosafärbung. 1 cm³ verbrauchter Säure entspricht dann bei Anwendung von 10 cm³ Wasser 1,707 g NH_3 im Liter des Wassers.

K. Naphthalin- und Cyanwäscher.

In den bisherigen Ausführungen sind der Naphthalinwäscher und der Cyanwäscher in dem Gang der Reinigung des Gases nicht behandelt worden, da viele Gasanstalten ohne beide arbeiten. In fol-

gendem sollen sie aber der Vollständigkeit wegen kurz besprochen
werden.

Wie bereits früher erwähnt, nimmt der Teer bei der langsamen
Abkühlung des Gases einen Teil des Naphthalins auf. Das Naphthalin
ist deshalb besonders unangenehm, weil es sich, falls unter 80° abgekühlt, in feste Kristalle verwandelt und dadurch in den Rohrleitungen
häufig sehr störende Verstopfungen verursacht. Je höher die Temperatur in der Retorte ist, desto mehr Naphthalin wird gebildet. Die
Verstopfungen treten besonders bei plötzlicher Abkühlung des Gases
auf. Aus 100 kg Kohle bilden sich etwa 300 g Naphthalin, Vertikalofengas ist naphthalinärmer. Der größte Teil wird, wie bereits erwähnt, bei der Kühlung von dem Teer aufgenommen, da dieser reich
an Kohlenwasserstoffen ist. Das im normalen Betrieb gewonnene
Gas enthält nach der Teerscheidung nur noch wenig Naphthalin, etwa
1 g in 1 m³. So gering diese Menge erscheint, so genügt sie doch, die
unangenehmen Verstopfungen hervorzurufen, und es ist zweckmäßig,
dieses Naphthalin aus dem Gas mittels des Naphthalinwäschers zu
entfernen. Man bedient sich zur Waschung eines Teeröles, und zwar
benutzt man nach Dr. Bueb das Anthrazenöl unter Zusatz von 3%
Benzol. Dieses Gemisch ist imstande, bei gewöhnlicher Temperatur
bis 40% Naphthalin aufzunehmen, vorausgesetzt, daß das Anthrazenöl naphthalinfrei ist. Da das meistens nicht der Fall ist, kann
man nur bis etwa 30% Aufnahmefähigkeit rechnen. Die Naphthalinwäsche wird im Anschluß an die Teerscheidung vorgenommen, d. h.
also vor der Wasserkühlung. Für 1000 m³ Gas werden durchschnittlich 4 bis 8 kg Waschöl aufgewendet. Bei Anwendung langsamer
Luftkühlung, bei welcher ja schon eine große Menge Naphthalin aus
dem Gas ausgeschieden wird, wird die Waschölmenge geringer. Auf
die Konstruktion der Wascher selbst — sie werden in stehender und
liegender Ausführung gebaut — soll hier nicht eingegangen werden.

Die Betriebsüberwachung erstreckt sich auf eine regelmäßige
Prüfung des Waschöles. Diese Prüfung wird so vorgenommen, daß
man in eine Kochflasche 100 cm³ Öl einfüllt und unter langsamer
Erwärmung destilliert. Die Fraktionen bis 200° und von 200 bis 270°
werden so aufgefangen. Beim ungebrauchten Öl dürfen bis 200°
6 bis 7%, von 200 bis 270° höchstens 8% übergehen. Die letztere
Fraktion soll bei Abkühlung auf 0° kein Naphthalin ausscheiden.
Sobald das Öl der Waschkammer am Gaseingang bei der Fraktion
zwischen 200 und 270° 30% Destillat gibt, das beim Abkühlen auf
Zimmertemperatur erstarrt, muß es erneuert werden. Bei der Destillation benutzt man nur das innere Kühlerrohr, in diesem beginnt
bei der Destillation schon die Naphthalinausscheidung, und die Kristalle müssen durch Bespülen des Rohres mit einer Flamme wieder
geschmolzen werden, da sonst Verstopfungen eintreten. Der Wir-
kungsgrad von Naphthalinwäschern ist bei sorgfältiger Betriebsüberwachung hoch; das Gas, welches den Naphthalinwäscher passiert hat,
wird um 95% und mehr von seinem Naphthalingehalt befreit. Das
ausgebrauchte Waschöl fügt man dem Teer zu und verkauft es mit
diesem an die Teerdestillationen. Bei Naphthalinverstopfungen, die
sich durch Druckerhöhung kenntlich machen, ist es häufig schwierig,

das Naphthalin auf mechanischem Wege zu entfernen. Man benutzt deshalb die Eigenschaft der flüssigen Kohlenwasserstoffe, Naphthalin aufzunehmen, indem man diese in erwärmtem Zustand vor den verstopften Teil in das Gas einspritzt. Besonders bewährt hat sich hier das von Bunte und Eitner empfohlene Rohxylol; seit einiger Zeit wird auch Tetralin angewandt. Das Naphthalin löst sich in den Dämpfen, und die Flüssigkeit sammelt sich im nächsten Wassertopf. Ein geeigneter Apparat für die Behebung von Naphthalinverstopfungen im Rohrnetz ist S. 102 beschrieben.

Der Cyangehalt des Gases beträgt nach der Teerscheidung etwa 200 bis 400 g auf 100 m³ Rohgas, bei Vertikalöfen etwa 100 bis 200 g. Zum Teil wird das Cyan in der Trockenreinigung (Eisenreinigung) aufgenommen, aber ein Teil bleibt noch im Gas zurück. Um dieses zu entfernen, wird ein besonders von Bueb ausgearbeitetes Verfahren vorwiegend angewandt, das darauf beruht, daß das mit Schwefelwasserstoff und Ammoniak beladene Gas mit einer konzentrierten Eisenvitriollösung in einem Standardwäscher gewaschen wird; es entsteht ein brauner bis schwarzer Schlamm mit einem Cyangehalt, der etwa 14% Berliner Blau entspricht, und etwa 6 bis 7% Ammoniak, das an Cyaneisen gebunden bzw. als Sulfat vorhanden ist. Der Schlamm wird weiter verarbeitet bzw. an die Cyanfabriken verkauft, um auf gelbes Blutlaugensalz und andere Cyanverbindungen verarbeitet zu werden.

Sehr häufig sind Naphthalin- und Cyanwäscher vereinigt, dabei dienen die ersten Kammern als Naphthalinwäscher, die letzten als Cyanwäscher. Bei beiden Waschprozessen beträgt die Temperatur des Gases zweckdienlich 30 bis 35°.

Der Naphthalin-Cyanwäscher findet seine Aufstellung nach dem Teerscheider vor der Wasserkühlung; dann folgen Ammoniakwäscher und Eisenreinigung.

L. Die Entfernung des Schwefelwasserstoffes.

Die deutschen Kohlen enthalten im allgemeinen weniger Schwefel als z. B. die englischen. Der Schwefelgehalt der Gas- und Gasflammkohlen von der Ruhr beträgt rd. 1,1%. Bei der Entgasung sind etwa 30% flüchtig, der Rest bleibt im Koks zurück. Von den im Gas enthaltenen Schwefelverbindungen entfallen (nach Bertelsmann) etwa 95% auf den Schwefelwasserstoff, der Rest verteilt sich auf Schwefelkohlenstoff, Schwefeläther, Schwefelalkohole und aromatische schwefelhaltige Körper. Im allgemeinen wird daher bei uns nur der Schwefelwasserstoff entfernt; besonders in England sind auch Verfahren für die Entfernung des Schwefelkohlenstoffs ausgearbeitet worden, weil die englischen Kohlen vielfach erheblich schwefelreicher als deutsche sind und hohen Schwefelkohlenstoffgehalt liefern. So erklärt es sich auch, daß in England ein weit höherer Schwefelkohlenstoffgehalt im Gase gesetzlich zugelassen ist, als er in Deutschland ohne besondere Reinigung erreicht wird. Aus diesem Grunde, und da die übrigen organischen Schwefelverbindungen nicht mehr als etwa 1% des Gesamtschwefels ausmachen, wird bei uns vorwiegend nur die Schwefelwasserstoffentfernung durchgeführt. Die organischen Schwefelverbindungen verleihen übrigens dem Gase den eigentümlichen, warnenden Geruch.

Die Schwefelverbindungen geben bei der Verbrennung Schwefeldioxyd, das sich in feuchter Luft weiter zu Schwefelsäure oxydiert, Atmungsorgane angreift und Metalle und Stoffe zerstören kann. Es müssen daher die Schwefelverbindungen möglichst restlos aus dem Gas entfernt werden. Da aber, wie bereits erwähnt, die deutschen Gaskohlen außer Schwefelwasserstoff nur einen geringen Gehalt an Schwefelkohlenstoff, der den weitaus größten Teil der restlichen Schwefelverbindungen darstellt, liefern, wird auf deutschen Gaswerken fast nur der Schwefelwasserstoff entfernt.

Für die Entfernung des Schwefelwasserstoffes kommt vorwiegend die trockene Schwefelreinigung in Betracht, die hier kurz beschrieben werden soll; es sind auch Methoden für eine nasse Schwefelreinigung ausgearbeitet worden, die aber noch unvollkommen sind, und im Rahmen dieses Buches nicht näher betrachtet werden können.

Die trockene Schwefelreinigung geschieht in großen, meistens gußeisernen Kästen, die mit Gasreinigungsmasse beschickt werden. Um an Platz zu sparen, baut man außer den Flach- auch Hochreiniger und Turmreiniger. Auch hat man heute aus Materialersparnisgründen versuchsweise solche aus Beton hergestellt. Als Reinigungsmasse dient Raseneisenerz oder alkalisches Eisenoxydhydrat (Luxmasse, Lautamasse). Die Reinigerkästen werden mit Tauchdeckel als Naßdichtung oder mit fest aufgelagertem Deckel als Trockendichtung verschlossen. Das Gas wird in diese Kästen eingeleitet und möglichst fein verteilt durch die Reinigungsmasse hindurchgeführt. Abb. 21 zeigt einen Schnitt durch einen Flachreiniger, Abb. 22 die Anordnung einer Reinigeranlage. In die Kästen werden Holzhorden eingebaut, auf welche die Masse aufgebracht wird. Für die Holzhorden gibt es eine Anzahl verschiedener Ausführungen, die den Zweck verfolgen, eine möglichste Auflockerung der Masse zu erreichen, ohne ihre Geschlossenheit zu gefährden und den Druck zu sehr zu erhöhen. Statt

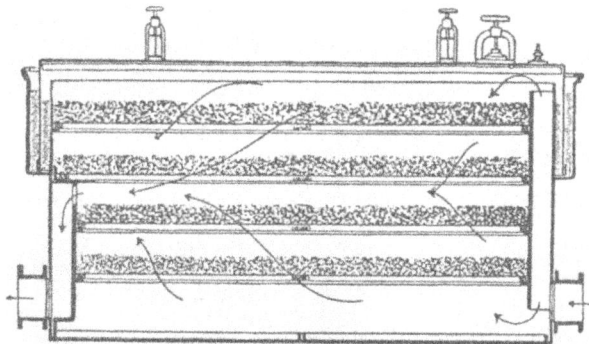

Abb. 21.

der waagerechten Masselagerung gestatten z. B. die Jägerhorden eine
senkrechte Lagerung und volle Ausnutzung der Kastenhöhe. Zur
Auflockerung der Masse werden auch Hilfsmittel z. B. grobes Säge-

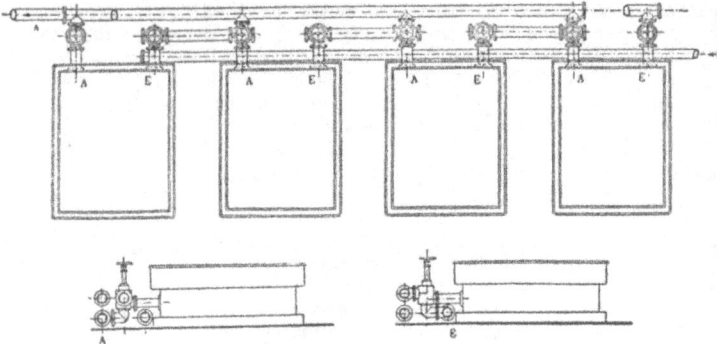

Abb. 22.

mehl, zur Anwendung gebracht. Beim Durchgang durch die Masse
wird der Schwefelwasserstoff abgeschieden, es entsteht Schwefeleisen,
freier Schwefel und Wasser; auch Cyanverbindungen scheiden sich
ab. Nach einer gewissen Zeit läßt die Reaktionsfähigkeit der Masse
nach, sie muß ausgewechselt und regeneriert werden, um von neuem
verwendet werden zu können. Das Regenerieren geschieht so, daß
die Masse in dünnen Schichten ausgebreitet der Einwirkung des Luft-
sauerstoffes ausgesetzt und angefeuchtet wird. Von Zeit zu Zeit sind
die Schichten umzuschaufeln, um die einzelnen Masseteile weitgehend
mit dem Luftsauerstoff in Berührung zu bringen. Dies geschieht teils
von Hand, in größeren Werken mit Hilfe von mechanischen Masse-
wendern. Erwähnt seien hier sich gut bewährende motorisch betriebene Schleuderapparate, die die Masse in feiner Aufteilung bei gleichzeitiger Benetzung durch die Luft schleudern und ein schnelles Regenerieren ohne Aufwand vieler Arbeitskraft gestatten. Die Regenerierung ist mit einer erheblichen Wärmeentwicklung verknüpft; bei zu
starker Erwärmung entstehen saure und dadurch unwirksam gewor-
dene Massen. Es ist also wichtig, besonders in den ersten Tagen der
Auswechslung, die Massen nicht dicht zu lagern, sie öfter umzuschaufeln und gehörig, am besten in Sprühregenform, anzufeuchten. Sehr
reaktionsfähige Massen feuchtet man am zweckmäßigsten schon unmittelbar nach dem Öffnen des Kastens an. Nicht zu starke Erhitzung
und genügende Anfeuchtung sind wesentliche Bedingungen für wirksame
Massen. Die Massen müssen so feucht sein, daß sie sich mit der Hand zu
einem Ballen ohne besondere Anstrengung zusammendrücken lassen.
   Die so regenerierte Masse kann dann wieder verwendet werden,
und zwar so oft, bis sie etwa zur Hälfte Schwefel enthält. Sie wird
dann zur Weiterverarbeitung verkauft.

Die Masse kann schon in den Reinigerkästen durch Zusatz von 1,5 bis 2 Vol.-% Luft z. T. regeneriert werden. Dabei trocknet die Masse infolge der sich entwickelnden Wärme allmählich aus, wird hart und drucksteigernd. Um das auszugleichen, wird Wasserdampf zugesetzt, etwa 200 l je 100 m³ Gas.

Der Cyanwasserstoff wird bei der Trockenreinigung von der Reinigungsmasse bis auf etwa 10% aus dem Gase entfernt. Das Eisenoxydhydrat ist jedoch selbst nicht imstande, Cyanwasserstoff zu binden, sondern er muß zunächst zu einer Oxydulverbindung reduziert werden. Erst nachdem durch Aufnahme von Schwefelwasserstoff bei Gegenwart von Ammoniak Eisenoxydulhydrat bzw. Schwefeleisen entstanden ist, wird Cyanwasserstoff aufgenommen. Es entsteht das Berliner Weiß, das bei der Wiederbelebung der Masse (außerhalb des Kastens) in das beständige Berliner Blau übergeht, ein sehr wertvoller Rohstoff, der für den Verkaufswert der Masse von Bedeutung ist.

Im Verlaufe des Reinigungsprozesses vermag sich die Masse hiermit mehr und mehr anzureichern, und zwar bis 10% und darüber.

Es werden stets mehrere Kästen hintereinander geschaltet; durch Ventile ist jeder für sich ein- und ausschaltbar, so daß also die übrigen in Betrieb bleiben, wenn einer mit frischer Masse beschickt werden muß. Um die Kästen möglichst lange ohne Auswechslung in Betrieb halten zu können, sind auch besondere Schaltverfahren ausgearbeitet worden, bei welchen die Reihenfolge der Kästen nach einem oder mehreren Tagen nach bestimmter Regel gewechselt wird.

Beim Füllen des Reinigers ist streng darauf zu achten, daß sich innerhalb der Masse keine Hohlräume bzw. Kanäle bilden, durch die das Gas hindurchwandern kann, ohne in genügende Berührung mit der Masse zu kommen. Die Masse muß in den einzelnen Lagen gleichmäßig hoch und locker ohne Knollenbildungen eingebracht werden, da sonst das Gas an schwächeren Stellen, dem Gesetz des geringsten Widerstandes folgend, vorwiegend hindurchgeht und die übrige Masse wenig in Wirksamkeit tritt. Ist ein Kasten neu gefüllt, so wird er als letzter in die Reihe eingeschaltet, damit das ungereinigte Gas mit dem am längsten in Betrieb befindlichen Kasten zuerst in Berührung kommt. Jeder Kasten ist mit einem Probierhahn versehen, um jederzeit prüfen zu können, ob das Gas Schwefelwasserstoff enthält. Zu diesem Zweck tränkt man ein Stückchen weißes Papier mit Bleizuckerlösung, und läßt aus dem Probierhahn das Gas 1 min dagegen strömen. Ist Schwefelwasserstoff vorhanden, so färbt sich das Papier bräunlich. Der vorletzte Kasten darf keine Färbung mehr zeigen, sonst muß der erste — Eintritt des ungereinigten Gases — gewechselt, d. h. mit frischer Masse beschickt und die Reihenfolge entsprechend umgeschaltet werden.

Bei guter Masse und Luftzusatz können mit 1 m³ mindestens 12 bis 15 000 m³ Gas gereinigt werden, bevor die Masse wiederbelebt zu werden braucht. Diese Leistung läßt sich aber durch gut eingelagerte Masse, gut verteilte Gaszuführung in den Kästen, Anfeuchtung und Schaltverfahren noch ganz bedeutend steigern.

Die Luft wird im allgemeinen vor dem Gassauger zugesetzt, damit sie durch Berührung mit dem Teergehalt möglichst Kohlenwasserstoffe zu ihrer Karburierung aufnimmt. Wo ein Cyanwäscher vorhanden ist, erfolgt der Zusatz zweckmäßig hinter diesem, da durch den Luftzusatz Rhodanbildung eintritt, was Cyanverlust bedeutet. In Gaswerken ohne Cyanwäscher und mit Luftzusatz wird durch diesen Vorgang der Rhodanbildung die Bildung von Berliner Blau in der Masse, und zwar um etwa 10 bis 20% gleichfalls reduziert. Auch wird in stark ammoniakalischen Massen Rhodan gebildet, wenn sich die Massen bei der Wiederbelebung zu stark erhitzen.

M. Die Benzolgewinnung

aus dem Gase hat heute besondere Bedeutung gewonnen; zur Steigerung der heimischen Treibstofferzeugung sollen auch kleinere und besonders mittlere Gaswerke die Benzolerzeugung aufnehmen bzw. steigern.

Zwei Gewinnungsarten kommen in Betracht. Die eine beruht auf der physikalischen Lösung des Benzols in einem Waschöl und die andere auf seiner Adsorption an großoberflächigen Körpern.

Für die Auswaschung des Benzols aus dem Gase verwendet man ein Teeröl mittlerer Fraktion; aus dem angereicherten, auf 120 bis 140° vorgewärmten Teeröl wird das Benzol und seine Homologen durch direkten Dampfzutritt ausgetrieben, gekühlt, vom Wasser getrennt, destilliert und wiederum kondensiert. Das so gewonnene Rohbenzol kann für Motorbetrieb benutzt werden. Um Reinbenzol zu erhalten, muß das Rohbenzol noch weiter behandelt werden durch Waschen mit Schwefelsäure und Alkalilauge und durch fraktionierte Destillation.

Gutes Waschöl und eine sparsame Wärmewirtschaft sind Hauptbedingung für günstige Betriebsergebnisse.

Das Verfahren wird gleichlaufend auch als gute Naphthalinwäsche benutzt.

Beim zweiten Verfahren erfolgt die Gewinnung des Benzols durch Adsorption mittels Aktivkohle, einer besonders präparierten porösen Holzkohle mit außerordentlich vergrößerter Oberfläche (Benzorbonverfahren). In sog. Adsorbern kommt das Gas mit der Aktivkohle in Berührung. Die Kohle entzieht dem Gase das Benzol und mit diesem auch das Naphthalin, Schwefelkohlenstoff u. a. leicht siedende Bestandteile. Der charakteristische Geruch des Leuchtgases kann auch beeinflußt werden. Beim Spülen des Adsorbers mit Dampf zur Abtreibung des Benzols von der Kohle gehen nun diese mitaufgenommenen Stoffe, soweit sie nicht in Wasser löslich sind, wie Ammoniak, Blausäure, in das Benzol über. Dieses wird daher noch einer weiteren Behandlung in einer Destillationsapparatur unterworfen.

Das Benzorbonverfahren setzt eine vorhergehende Schwefelwasserstoffreinigung des Gases voraus, es muß daher nach der Schwefelreinigung erfolgen. Auch wird es nach dem Stationsmesser eingebaut, damit das vom Spülprozeß noch warme und mit Wasserdampf gesättigte Gas keine Fehlmessungen im Stationsgasmesser ergibt; evtl. ist ein besonderer Nachkühler aufzustellen.

Allgemein sind die Benzolgewinnungsanlagen zweckmäßig hinter der Schwefelreinigung anzuschließen.

Aus 1 m³ Steinkohlengas können bis etwa 24 g Benzolvorprodukt gewonnen werden. Da das Benzol in Dampfform im Gas enthalten ist, geht die Gasmenge durch seine Herausnahme zurück. Die so verringerte Gasmenge muß durch verstärkten Kohlendurchsatz ausgeglichen werden.

N. Die Gastrocknung.

An warmen Tagen und bei ungenügender Kühlung hat das Gas einen hohen Feuchtigkeitsgehalt. Dieser schlägt sich in den Rohrleitungen nieder, was nicht nur vermehrten Arbeitsaufwand durch öfteres Auspumpen der Wassertöpfe bedingt, sondern auch schneller zu Korrosionen und damit zu erhöhten Unterhaltungskosten der Rohrleitungen führt. Deshalb unterwirft man vielfach das Gas der Trocknung, die allerdings nicht vollständig erfolgt, sondern dem etwas unter der Rohrnetztemperatur liegenden Taupunkt entspricht. Die Trocknung geschieht durch Chlorkalziumlauge oder Glyzerin, mit denen das Gas berieselt bzw. gewaschen wird; ferner durch Kühlung bzw. durch Druck mit gleichzeitiger Kühlung und mit Adsorptionsmitteln.

Durch Einspritzen von Ölnebeln wird der nachteilige Einfluß des getrockneten Gases durch Austrocknung der Anschlußdichtungen, durch Lockerung und Aufwirbelung von Staubteilchen im Rohrnetz bekämpft; auch Tetralineinspritzung wirkt in gleichem Sinne.

O. Die Gasentgiftung.

Schon seit Jahrzehnten bemühte man sich, das Kohlenoxyd aus dem Gas zu entfernen. Aber erst die Entwicklung der Katalyse und die Erkenntnis, daß die Brenneigenschaften des Gases erhalten bleiben müssen, ermöglichten in den letzten Jahren die technische und wirtschaftliche Durchführung der Gasentgiftung.

Die erste Gasentgiftungsanlage der Welt wurde im Gaswerk Hameln von Dir. Dr. Gerdes errichtet.

Das nachstehend beschriebene durch DRP geschützte Verfahren der Gesellschaft für Gasentgiftung (Gesent), Berlin SW 68, beruht auf der Umwandlung des Kohlenoxyds mit Wasserdampf nach der Gleichung $CO + H_2O \rightleftharpoons H_2 + CO_2$. Das verschwindende Kohlenoxyd wird durch die gleiche Raummenge Wasserstoff von gleicher Verbrennungswärme ersetzt. Die das Gasvolumen vermehrende Kohlensäure bleibt zur Erhaltung der Brenneigenschaften im Gas. Um den durch Normen festgelegten Stadtgasheizwert zu erhalten, muß daher das Vorgas der Entgiftungsanlage einen entsprechend höheren Heizwert aufweisen. Die deutschen Stadtgase sind Mischgase aus Kohlengas und Wassergas, auch Generatorgas. Der höhere Heizwert des Vorgases wird durch Verringerung des Wassergas- oder Generatorgaszusatzes zum Kohlengas erzielt. Die Entgiftung in der angegebenen Weise liefert unter Raumgewinn ein ungiftiges Stadtgas mit den Brenneigenschaften des bisher verwendeten Stadtgases.

Das auf den notwendigen Heizwert eingestellte Vorgas (das bisherige reine Stadtgas) wird hinter der Trockenreinigung in die Entgiftungsanlage geleitet. Dort wird es durch Berieselung mit heißem Wasser (Ablauf von der Schlußkühlung des entgifteten Endgases) vorgewärmt und nimmt entsprechend der Wassertemperatur Dampf auf. Das Wasser kühlt sich dabei ab. Dann wird dem Vorgas Frischdampf bis zu dem zu seiner Entgiftung notwendigen Gesamtgehalt an Wasserdampf zugesetzt. Der Zusatzdampf überwindet außerdem die Druckverluste in der Anlage. Das Gemisch von Dampf und Gas wird auf die zur Entgiftung notwendige Temperatur erwärmt, und zwar im Gegenstrom zum heißen Gemisch von ungiftigem und nicht zersetztem Dampf. Bei etwa 400⁰ wandelt sich das Kohlenoxyd mit dem Dampf an einem Katalysator in ungiftige Gase, Wasserstoff und Kohlensäure, um. Das nunmehr entgiftete Gemisch von Gas und überschüssigem Dampf kühlt sich vor, indem es das zuströmende Gemisch von nicht entgiftetem Vorgas und Dampf erwärmt. Schließlich wird es durch Berieseln mit Umlaufwasser (Ablauf von der Vorsättigung des Vorgases) und Frischwasser schlußgekühlt. Der überschüssige Dampf schlägt sich nieder. Überschüssiges Kühlwasser wird abgeleitet. Das verbleibende Wasser wärmt sich auf und dient im Kreislauf zur Berieselung des Vorgases. Zum Schluß wird das entgiftete Stadtgas von Schwefelwasserstoff, der aus organischem Gasschwefel bei der Entgiftung entstanden ist, befreit und ist dann abgabefertig. Der kennzeichnende Geruch des Gases bleibt erhalten. Eine etwaige Benzolabscheidung wird zweckmäßig der Entgiftung nachgeschaltet, um ein entsprechend reineres Benzol zu erhalten.

Der Entgiftungskontakt (Katalysator) besteht aus gleichmäßigen Kugeln mit kollodialem Eisenhydroxyd, das mit Alkalien aktiviert und mit anorganischen Bindemitteln verfestigt ist. Er ermöglicht, unter wirtschaftlichen Bedingungen in einem Arbeitsgang ein Gas mit einem Kohlenoxydgehalt von höchstens 1% herzustellen.

Die Entgiftungsanlage ist eine Zusatzanlage wie etwa die Benzolwäsche. Sie fügt sich daher ohne weiteres jedem bestehenden Betrieb ohne Änderung desselben ein.

Der Platzbedarf ist gering, die Erstellungskosten werden mit etwa 1 bis 2% der gesamten Gaswerkskosten angegeben, und der Betriebsmittelaufwand wie folgt:

1. Der Katalysator (Kontakt). Zur Entgiftung von je 1 Million m³ Gas wird 1 m³ Kontakt verbraucht.

2. Der Aufwand an Frischdampf beträgt etwa 0,2 kg/m³ entgiftetes Gas. Diese Dampfmenge wird im Betrieb ganz oder teilweise durch Verringerung der Wassergaserzeugung aufgebracht, da das für die Gasentgiftung notwendige Vorgas erheblich weniger Wassergas enthält als das bisherige Gas.

3. Für die Schlußkühlung des entgifteten Gases werden etwa 2 l Kühlwasser je m³ verbraucht.

4. Für die Umlaufpumpen werden etwa 0,35 bis 1,00 kWh, je nach Größe der Anlagen, benötigt.

Den Betriebskosten aus dem Kapitaldienst und dem Aufwand an Betriebsmitteln werden die Ersparnisse durch Verringerung der ungedeckten Kohlenkosten infolge Erhöhung des Anfalls an Koks, Teer und Benzol gegenübergestellt, und die Ersparnisse, die durch die hohe Reinheit des entgifteten Gases bei der Verteilung des Gases entstehen. In den weitaus meisten Fällen werden hiernach die Gestehungskosten durch die Entgiftung nicht erhöht, in besonderen Fällen sogar ermäßigt.

Da das ungiftige Gas in seinen wichtigen brenntechnischen Eigenschaften — nämlich Heizwert, spezifisches Gewicht und Zündgeschwindigkeit — mit dem bisherigen giftigen Stadtgas innerhalb der zulässigen Grenzen übereinstimmt, läßt es sich ohne weiteres in den vorhandenen Gasgeräten ohne deren Änderung verwenden.

Es dürfen die Gasnormen nicht formal übernommen werden, sondern sie sind in ihrer brenntechnischen Bedeutung auszulegen. Dann gelangt man aber zu höheren Grenzwerten für den Gehalt an Inerten, um die bisherigen Brenneigenschaften des Stadtgases zu erhalten.

Ferner wird darauf hingewiesen, daß das Gas bei der Entgiftung weitgehend feingereinigt wird hinsichtlich des Gehalts an organischem Schwefel, Zyanwasserstoff, Naphthalin, Sauerstoff, Harzbildner und Stickoxyde. Dadurch wird die Korrosionsgefahr für die Rohr- und Werkstoffe erheblich geringer; von dem organischen Schwefel werden rund 90% entfernt. Auch auf die Benzolerzeugung wirkt sich die Entgiftung günstig aus.

Ungiftiges Stadtgas ist ärmer an Wassergas- oder Generatorgas als das nicht entgiftete. Da bei der Entgiftung an Verbrennungswärme (H_0) nichts verloren geht, muß die bisher auf das Zusatzgas entfallende gebundene Wärme durch soviel Kohlengaswärme ersetzt werden, wie weniger Zusatzgas erzeugt wird. Dementsprechend muß mehr Kohle verarbeitet werden. Im Verhältnis des Kohlenmehrdurchsatzes steigt auch der Anfall an Teer und Benzol. Der Anfall an Verkaufskoks erhöht sich aus zwei Gründen. Erstens liefert die Entgasung größerer Kohlenmengen mehr Koks und zweitens bleibt Koks durch den verringerten Zusatz an Wassergas oder Generatorgas frei.

Ist das Stadtgas ein Mischgas aus Kohlengas und Wassergas, dann wird bei Naßbetrieb der erforderliche Raum für den Mehrdurchsatz an Kohle durch Einschränkung der Dampfzeit gewonnen. Die Koksqualität verbessert sich. Bei Trockenbetrieb der Öfen muß der Mehrdurchsatz an Kohle durch Beanspruchung eines entsprechenden Teils der Ofenreserve bewältigt werden.

Dient Generatorgas als Zusatzgas, dann ist der Mehrdurchsatz an Kohle so gering, daß die Beanspruchung der Öfen praktisch unverändert bleibt.

Betr.: Gasveredlungsanlage Nordhausen.

Auf dem Gaswerk Nordhausen der Deutschen Continental-Gas-Gesellschaft, Dessau, wurde im Jahre 1937 ebenfalls eine Gasentgiftungsanlage nach den Plänen von Herrn Direktor Dipl.-Ing. H. Müller und seinem Mitarbeiter Dr. Brandt errichtet. Die dort eingeschlagene Verfahrensweise basiert auf Versuchen, die bis auf das Jahr 1930 zurückgehen und an die Erfahrungen der I. G. Farbenindustrie anknüpfen, die diese bereits auf dem Gebiete der Wasserdampfkatalyse besitzt. Dort wurde von dem Erfinder Dr. Wild in dem Oppauer Stickstoffwerk bekanntlich erstmalig im Jahre 1916 die Wasserdampfkatalyse im größten Umfange für die Gewinnung von Wasserstoff aus Wassergas für die NH_3-Synthese durchgeführt. Auch für die Umwandlung von CO im Kohlengas wurde diese Katalyse bereits von dieser Seite im Jahre 1916 vorgeschlagen, als es sich während des Krieges darum handelte, das fehlende Ölgas für die Waggonbeleuchtung durch ein CO-freies Kohlengas zu ersetzen. Da es zu einer betrieblichen Verwertung dieses zum Patent angemeldeten Verfahrens[1]) jedoch nicht kam, fehlten die hierfür erforderlichen betrieblichen Erfahrungen. In einer im Jahre 1931 bei den Hamburger Gaswerken von Dipl.-Ing. H. Müller und seinem Mitarbeiter errichteten Versuchsanlage wurde daher das Verhalten von Kontakten verschiedenster Art bei der Anwendung der Wasserdampfkatalyse auf benzolhaltiges Kohlengas und dieses enthaltende Gasgemische eingehender studiert. Dabei ergab sich, daß zwar eine Umwandlung des CO im Kohlengas bis auf 1% und darunter möglich war, daß aber dabei mit einem verhältnismäßig schnellen Nachlassen der Aktivität der verwendeten Kontakte gerechnet werden mußte. Auch wurde vergeblich versucht, die Wasserdampfkatalyse bei Temperaturen unterhalb 400⁰ C durchzuführen. Nach rein theoretischen Überlegungen, die in der Eigenart des Wassergasgleichgewichtes begründet sind, erschien die Durchführung bei tieferer Temperatur zweckmäßiger, da in diesem Falle weniger Dampf für eine möglichst vollständige Umwandlung des CO in CO_2 und H_2 benötigt wird. Die Durchführbarkeit scheiterte aber daran, daß auch anfänglich sehr aktive Kontakte sehr schnell an Aktivität einbüßten. Als Ursache für dieses Inaktivwerden wurde der Sauerstoff erkannt, der nach der Trockenreinigung stets in mehr oder weniger großen Mengen im Kohlengas und Wassergas vorhanden ist. Nach dieser Erkenntnis wurde dann eine besondere Verfahrensweise für die Konvertierung von benzolhaltigem Kohlengas oder Mischgas entwickelt, das erstmalig im Werk Nordhausen betrieblich durchgeführt wurde und worüber Direktor Dipl.-Ing. H. Müller berichtete[2]).

In dem genannten Werk war früher ein übliches benzolhaltiges Mischgas mit einem $H_0 = 4200$ kcal/Nm³ erzeugt und abgegeben worden. Seit März 1938 wird dort an Stelle dieses Gases nun ein bis auf 0,8 bis 1% CO entgiftetes und entbenzoliertes Brenngas hergestellt. Die Beschaffenheit und Zusammensetzung des früheren und jetzigen Stadtgases ergibt sich aus folgender Gegenüberstellung auf S. 67.

Zur Gewinnung des entgifteten Stadtgases wird in Dessauer Vertikalkammern im Naßbetrieb zunächst ein Vorgas mit einem Heizwert

---

[1]) DRP Nr. 300236.
[2]) GWF 1938, S. 590—593.

von etwa 4650 kcal/Nm³ hergestellt. Dieses Vorgas enthält etwa 9 bis 12% CO, und ist in üblicher Weise von Teer, H_2S, NH_3 usw. gereinigt. Ohne eine Speicherung in einem Zwischenbehälter vorzunehmen, wird dieses Gas unmittelbar der Veredlungsanlage zugeleitet. Um dabei die ständigen unregelmäßigen Schwankungen, die mit dem Ofenhausbetrieb verknüpft sind, auszugleichen, wird diesem Vorgas ein Teilstrom von schon behandeltem Gas wieder zugeführt, der hinter der Anlage dem Hauptstrom entnommen wird. Das in die Anlage eintretende Gas besteht daher nur zeitweilig aus dem ursprünglichen Vorgas. In den Zeiten z. B. vor und während der Beladung von Retorten, wenn die Produktionsgasmenge zurückgeht, erfolgt selbsttätig ein Zusatz von schon behandeltem, CO-armem, entbenzoliertem und von CO_2 gewaschenem Gas. Auf diese Weise wird eine konstante Belastung der gesamten Anlage unabhängig von den im Ofenhausbetrieb bedingten Schwankungen erreicht und eine konstante Sättigung des Gases mit Dampf ermöglicht.

			a	b
CO_2	Vol. = %	4,8	6,1
C_mH_n	,,	2,1	2,0
O_2	,,	0,4	0,0
CO	,,	15,0	0,8
H_2	,,	54,2	62,8
CH_4	,,	16,5	20,1
N_2	,,	7,0	8,2
Innerte	Vol. = %	11,8	14,3
Ob. Heizwert reduz. kcal/m³		4270	4295
Spez. Gewicht (Luft = 1)		0,46	0,38
Benzol g/Nm³		25	nicht vorh.
Naphthalin g/100 Nm³		19	,, ,,
Organ. Schwefel g/100 Nm³		20,9	1,5
HCN g/100 Nm³		3,75	nicht vorh.
Gumbildner		vorh.	keine

Beschaffenheit: a) des früher abgegebenen Stadtgases,
                   b) des veredelten Stadtgases.

Schema der Anlage.

Wie im einzelnen aus dem nachstehenden Schema der Anlage ersichtlich, wird das auf eine konstante Menge eingestellte Vorgas in einem mit heißem Wasser berieselten Sättiger für eine Temperatur von 68⁰ C mit Dampf gesättigt. Hierauf erfolgt im oberen Teil des Sättigers durch Zugabe von Abdampf eine weitere Aufsättigung mit Dampf bis zum Taupunkt von 74 bis 75⁰ C. Mit einem Dampfgehalt von etwa 450 bis 500 g/Nm³ tritt dann das Gas in den Wärmeaustauscher, wird dort auf 290 bis 310⁰ C vorgewärmt und gelangt alsdann in den Kontaktofen den es von oben nach unten durchströmt.

Der Kontaktofen ist in 4 Kammern unterteilt worden. In den beiden ersten Kammern befindet sich ein Vorkontakt, in den beiden letzten der Hauptkontakt. Der Vorkontakt hat zweierlei Aufgaben. Nämlich einmal durch selektive Verbrennung des im Gase vorhandenen Sauerstoffs das etwa auf 300⁰ vorgewärmte Gasdampfgemisch weiter auf 350⁰ zu erwärmen, und zum anderen, instabile Kohlenstoffverbindungen zu stabilisieren. Die Sauerstoffreste der vor der Schwefelreinigung dem Gas zugesetzten Luft von ungefähr 0,3% genügen vollständig, um die Temperaturerhöhung an dem Vorkontakt herbeizuführen. Die Hauptumsetzung des Kohlenoxyds erfolgt in der

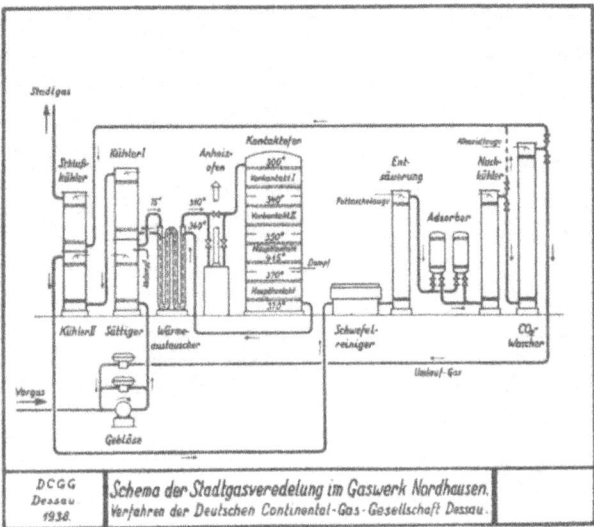

Abb. 22 a.

ersten Schicht des Hauptkontaktes, also in der 3. Kammer, wobei die Temperatur auf 390 bis 415⁰ C steigt. Durch die Umwandlung des Kohlenoxyds in Kohlensäure und Wasserstoff geht natürlich der Dampfgehalt des Reaktionsgemisches zurück. Beim Verlassen der 3. Kontaktkammer beträgt dieser etwa noch 400 g, bezogen auf 1 Nm³ der dann vertretenen Gaskomponenten. Er wird vor Eintritt in die letzte Kontaktkammer mit Abdampf ergänzt und gleichzeitig damit die Temperatur auf 370⁰ gesenkt. Nachdem nun bei dieser Temperatur eine Einstellung des Wassergasgleichgewichtes in der 4. Kontaktkammer erfolgt ist, wobei die restliche weitere Umsetzung von Kohlenoxyd stattfindet, verläßt das Gasdampfgemisch den Kontaktofen, um im Wärmeaustauscher das Frischgasdampfgemisch auf 300⁰ vorzuwärmen und sich selbst dabei auf etwa 100⁰ abzukühlen.

Im Kühler I gibt das konvertierte Gas einen Teil seines Dampfes an das zwischen Sättiger und Kühler I umlaufende Wasser ab, das sich dabei auf ungefähr 70° erwärmt, während gleichzeitig das Gas auf ungefähr 58° abgekühlt wird. Das konvertierte Gas enthält hiernach etwa noch 180 g Dampf/Nm³, der im Kühler II niedergeschlagen wird. Dieser verlorengehende Dampf und der bei der Umsetzung von Kohlenoxyd verbrauchte Dampf beträgt etwa 220 g/Nm³ Vorgas und ist durch Abdampf zu ersetzen. Der effektive Dampfverbrauch in Form von Abdampf/m³ Stadtgas hält sich also in dieser Größenordnung von etwa 220 g und spielt kostenmäßig für die Entgiftung eine untergeordnete Rolle.

Die neuartigen Merkmale der Verfahrensweise der Deutschen Continental-Gas-Gesellschaft liegen also insbesondere bei der Konvertierung, indem einmal die ständigen Schwankungen der erzeugten Gasmenge durch gelegentliche Rückführung eines Teilstromes von schon behandeltem Gas ausgeglichen werden. Zum anderen wird die restlose Verbrennung des Sauerstoffs an einem hierfür besonders geeigneten Vorkontakt vorgenommen und damit die notwendige zusätzliche Vorwärmung des frischen Gasdampfgemisches erreicht. Damit ist es erstmalig möglich, das Wassergasgleichgewicht auch unterhalb 400°, und zwar noch bei 370° herzustellen, ohne daß hierbei eine Wärmezufuhr von außen zur betrieblichen Durchführung erforderlich ist. Im übrigen gibt die gänzliche Beseitigung des Sauerstoffs aus dem Gasdampfgemisch vor Eintritt in den Hauptkontakt erst die Gewähr dafür, daß dessen Aktivität nicht leidet und in solchem Grade auf nahezu unbegrenzt lange Zeit erhalten bleibt, um die Einstellung des Gleichgewichts bei den besonders vorteilhaften niedrigen Temperaturen mit großer Geschwindigkeit zu erzielen.

Demgegenüber gehören die übrigen Merkmale der Verfahrensweise bereits mehr oder weniger zu dem heutigen Stande der Gastechnik. Dies trifft z. B. für die nach der Konvertierung folgende Entbenzolierung des Gases zu, die nach Entfernung des aus organischen S-Verbindungen entstandenen Schwefelwasserstoffs mit A-Kohle vorgenommen wird. Allerdings war die Entbenzolierung nach der Konvertierung, die zu einem reineren Benzolerzeugnis führt, erst möglich, nachdem in der geschilderten Weise die Konvertierung insbesondere von benzolhaltigem Kohlengas gelungen war.

Das hinter der Konvertierung abgeschiedene Gasbenzol hat einen angenehmen milden Geruch und enthält lediglich noch einige hochsiedende organische Schwefelverbindungen, insbesondere das Thiophen. Es wird unter Mitverwendung des nahezu vollständig schwefelfreien Vorlaufs mit größerer Ausbeute in Motorenbetriebsstoffe durch einfache Destillation übergeführt. Für die Benzolfraktion ist dabei ein Inhibitorzusatz nach wie vor erforderlich, wenn es dem Harzbildnertest des Benzolverbandes entsprechen soll. Da auch die Schwerbenzolfraktion eine wesentliche Geruchsverbesserung durch die Abwesenheit von Merkaptan erfährt, wird im Werk Nordhausen das Gasbenzol mit einer Ausbeute bis zu 95% in wertvolle Motorenbetriebsstoffe übergeführt. Für die Durchführung der Gasveredlung in kostenmäßiger Hinsicht fällt aber noch der weitere Umstand ins Gewicht, daß bei der Abscheidung des gereinigten Gasbenzols die A-Kohle eine größere Haltbarkeit aufweist und einem geringeren Verschleiß durch Verharzung unterliegt, was sich aus den bisher vorliegenden Betriebsergebnissen bereits ergeben hat.

Da nach den neueren Untersuchungen des Hygienischen Instituts Berlin die Giftigkeit des Kohlenoxyds durch Benzol nicht unwesentlich verstärkt wird, hält Dipl.-Ing. H. Müller für ein hinreichend entgiftetes Gas auch die Entbenzolierung für notwendig. Neben Benzol wird ferner die Giftigkeit des restlichen Kohlenoxyds noch durch hohe Kohlensäuregehalte des Gases erhöht, da auch dieses Gas in höheren Konzentrationen ein Atmungsgift darstellt. Aus diesen und noch anderen Gründen ist daher der Anlage in Nordhausen noch eine Kohlensäurewäsche angegliedert worden.

Die Kohlensäurewäsche wird mit einer organischen Flüssigkeit der I. G., nämlich mit Alkazidlauge durchgeführt. Von der stündlich anfallenden Gasmenge von etwa 750 m³ werden mit dieser Lauge etwa 400 m³ bis auf einen CO_2-Gehalt von 2% ausgewaschen. Dieses gewaschene Gas mit dem nicht gewaschenen gemischt geht dann noch durch die Kühlstufe 3 und hierauf durch die Stationsgasmesser in die Stadtgasgasometer.

Zur Regenerierung der Alkazidlauge wird der Abdampf der Gasfördermaschine verwendet. Der Verschleiß an der an sich teuren Alkazidlauge ist sehr gering. Unter diesen Umständen spielt daher die Kohlensäurewäsche nur eine untergeordnete Rolle in kostenmäßiger Hinsicht, und es wird damit erreicht, daß der CO_2-Gehalt des Stadtgases in solchen Grenzen bleibt, daß einschließlich Stickstoff die Krumhübler Norm von insgesamt 15% Inerten nicht überschritten wird. (Man vergleiche hierzu Zahlentafel S. 67.)

Wenn dabei das entgiftete Gas gegenüber dem früheren giftigen im spez. Gewicht niedriger ist, so wirkt sich dieser Umstand bei den Gasgeräten des Versorgungsbezirkes in keiner Weise nachteilig aus, was sich auch aus den photographisch hergestellten und vorgeführten Flammenbildern eines Kochbrenners ergibt.

Was die gesamten Kosten der Konvertierung, Entbenzolierung und der Kohlensäurewäsche betrifft, so liegen hierüber noch keine genaueren Zahlen vor und werden vorerst mit einigen Zehntel Pfennigen/m³ angegeben.

Eine genauere Kostenaufstellung soll bekanntgegeben werden, wenn eine etwa einjährige Betriebszeit vorliegt.

Nach der von mir im September erfolgten Besichtigung der Anlage arbeitete diese seit 6 Monaten störungsfrei, und die bei den vorangegangenen ausgedehnten Vorversuchen gemachten Erfahrungen haben sich voll und ganz bestätigt.

Die Konvertierung wie auch die Kohlensäurewäsche erfordert nur eine gelegentliche Beaufsichtigung, und die gesamte Anlage kann ohne Einsatz von zusätzlichem Bedienungspersonal dem schon vorhandenen Gaswerksbetrieb eingegliedert werden.

P. Stationsgasmesser, Gasbehälter und Druckregler.

Das gereinigte, für die Verwendung fertige Gas wird durch den Stationsmesser dem Gasbehälter zugeführt. Der Stationsmesser mißt laufend die Erzeugung; er ist ein ununterbrochener Maßstab für die Leistung der Öfen und damit des Gaserzeugungsverfahrens überhaupt. Er gibt die Unterlagen für die Feststellung der Ausbeute und damit ein wichtiges Maß für die Beurteilung der verwendeten Kohlen. Sein ruhiger, ungestörter Gang muß daher dauernd überwacht werden; die Wasserfüllung muß sich stets in der vorgeschriebenen, an einem Standglas erkennbaren und besonders markierten Höhe befinden. Um den richtigen Wasserstand ständig beizubehalten, sind die Messer mit einem Wasserzufluß und sichtbarem Überlauf ausgestattet. Sie sind zeitweise einer Nachprüfung auf Meßgenauigkeit zu unterziehen, um die Unversehrtheit der Meßtrommel und den ungestörten Gang beurteilen zu können.

Der Fassungsraum des Gasbehälters soll etwa 60%, bei kleineren Werken 100% der 24stündigen Maximalgasabgabe betragen. Neben den Gasbehältern mit Wasserbecken werden heute besonders von größeren Werken wasserlose, sog. Scheibengasbehälter gebaut. Die Behälter dienen als Ausgleich zwischen Gaserzeugung und Abgabe; sie ermöglichen den gleichmäßigen Betrieb der Öfen und damit der Gesamtanlage, was betrieblich und wirtschaftlich von größter Bedeutung ist. Für die Überwachung der Gasbehälter sind durch Ministererlaß vom Oktober 1935 Richtlinien aufgestellt worden, die für jedes Gaswerk Gültigkeit haben und deshalb von jedem Gaswerksleiter eingehend zur Kenntnis genommen werden müssen. Die Richtlinien beziehen sich

1. auf den Bau neuer Behälter,
2. auf Stillegung und Umänderung bestehender Behälter,
3. auf in Betrieb befindliche Niederdruckbehälter.

Die Richtlinien zu 3. sind sofort durchzuführen. Sie besagen in der Hauptsache folgendes: Es ist eine „Sicherheits"- und „Freizone" um jeden Behälter vorzusehen — innerhalb der ersteren ist jedes Entzünden von Feuer und das Rauchen verboten. „Freizone" besagt, daß bei Behältern bis zu 5000 m³ Inhalt 6 m und bei größeren 10 m Geländebreite im Umkreis freizuhalten sind, damit die Behälter leicht umfahren werden können, und jede Stelle von Feuerwehrfahrzeugen sicher zu erreichen ist. Die Bedachung umbauter Behälter muß möglichst leicht und nicht brennbar sein bzw. mit einem feuerhemmenden Anstrich versehen werden. Die Rundgänge müssen Geländer und Fußleisten erhalten, was schon die Berufsgenossenschaft vorschreibt, wie auch, daß die senkrechten Leitern Rückenschutz haben sollen, und das unbefugte Besteigen durch Absperrungen verhindert wird. Umbaute und trockene Behälter müssen eine dauernd und z. B. auch bei Frost sicher wirkende Lüftung haben; Anlagen, die Funkenbildung bei ihrer Betätigung im Gefolge haben können, wie elektrische Stark- und Schwachstrom- oder sonstige Anlagen, sind in diesen Räumen verboten. Die Tassenverschlüsse müssen so tief sein, daß der Wasserverschluß mindestens 150 mm höher ist als der maximale Behälterdruck.

Besondere Ausnahmen sind mit dem Gewerbeaufsichtsamt zu regeln.

Für die Behälter sind Inhaltsschreiber und selbstschreibende Druckanzeiger vorgeschrieben; bei Behältern über 10000 m³ Inhalt müssen auch die Inhaltsanzeiger selbstschreibend sein. Die Druckentnahme muß so erfolgen, daß auch tatsächlich der statische Druck im Behälter gemessen wird, und nicht der schwankende Druck in einer Betriebsrohrleitung. Gegen Blitzgefahr ist der Behälter genügend zu erden, ebenso sind Feuerlöscheinrichtungen, die den Feuerlöschvorschriften entsprechen, vorzusehen.

Jeder Behälter muß unter Aufrechterhaltung der Gaslieferung jederzeit schnell absperrbar sein, möglichst durch Schnellschlußschieber evtl. mit automatisch wirkender Fernsteuerung; auch soll ein durch Fernsteuerung zu betätigender Flüssigkeitsverschluß vorhanden sein. Ferner sollen die Behälter gegen Leersaugen (bei Druckerhöhungsanlagen, Ferngasversorgungen) gesichert sein. Der Werkleiter hat dazu noch besondere örtliche Vorschriften für Betrieb und Überwachung der Behälter auszuarbeiten und für die Durchführung bekanntzugeben. Durch die Betriebsmannschaft sind die Behälter täglich bzw. mehrmals wöchentlich zu überprüfen, und monatlich einmal durch die Betriebsleitung; alljährlich hat eine Hauptprüfung durch die Betriebsleitung stattzufinden. Über alle Prüfungen ist der Befund schriftlich festzuhalten, die Hauptprüfung ist in ein „Gasbehälter-Überwachungsbuch" einzutragen.

Die Prüfungen durch die Betriebsmannschaft und die monatliche durch die Betriebsleitung erstrecken sich auf die Wasserverschlüsse der Tassen, ihre richtige Eintauchtiefe, auf die Beweglichkeit der Rollen, Eisfreiheit, Gasdichtheit, und die gute Wirksamkeit der Wasserablauf- und Ausblasevorrichtungen. Die Hauptprüfung umfaßt den gesamten baulichen Zustand, die Sicherheitseinrichtungen, den Anstrich, die Erdung, die Standfestigkeit der Fundamente usw.

Alle Berichte und Diagramme und Meßergebnisse sind mindestens ein Jahr lang aufzubewahren.

Zur täglichen allgemeinen Überwachung gehört auch die Überwachung der Druck- und Inhaltsanzeiger.

Außer den Gasbehältern für Niederdruckgas gelangen heute auch Hochdruckbehälter als Kugelgasbehälter zahlreicher zur Aufstellung. Sie dienen als Druckausgleichbehälter bei Gasfernleitungen und als Zusatzbehälter bei Spitzenbelastungen, sie sind billiger in der Herstellung, günstig bei schlechten Baugrund- und Raumverhältnissen, erfordern wenig Unterhaltung, geringe Bedienung, keine besondere Heizung, nur schwache Fundamente, dagegen Kompressorenbetrieb. Die Vor- und Nachteile sind vorsichtig abzuwägen, auch kleinere Werke haben solche in liegender Ausführung mit Vorteil errichtet.

Die Ein- und Ausgangsventile zu dem Gasbehälter stehen meistens in dem Raum, in welchem sich der Stationsmesser und der Stadtdruckregler befinden. Letzterer dient dazu, den höheren und schwankenden Druck des Gasbehälters auf einen für das Stadtrohrnetz erforderlichen und gleichmäßigen Druck einzustellen. Diese Druckeinstellung des Stadtdruckreglers erfolgt vorwiegend automatisch; nur ver-

einzelt und vornehmlich bei kleineren Werken finden sich noch Druckregler, die von Hand bedient werden. Die Druckregelung wird durch ein
Abschlußventil bewirkt, das entweder durch eine Glocke betätigt wird,
die vom Gas getragen wird und im Wasser beweglich eintaucht, oder
durch eine leicht bewegliche, vom Gasdruck ebenfalls getragene und
mit Gewichtsplatten belastete Membrane. Je nach der durchfließenden
Gasmenge wird der Druck unter der Glocke oder Membrane höher oder
niedriger, sie steigt oder fällt, und das Ventil schließt oder öffnet
sich, so weniger oder mehr Gas durchlassend.

Während früher die nassen Regler vorherrschend waren, sind heute
die trockenen Membranregler außerordentlich vervollkommnet worden; sie werden in immer steigendem Maße eingeführt. Mit der fort-
schreitenden Entwicklung in der Gasverteilung und Gasanwendung
ergab sich die Notwendigkeit, sowohl im Betrieb selbst wie auch für
außerhalb liegende Speisepunkte und Versorgungsstellen Gasdruckregler verschiedenster Bauart mit zusätzlichen Betriebseinrichtungen
zu schaffen. Es kann hier nicht näher auf das umfangreiche Gebiet eingegangen werden; es ist aber notwendig, bei jedem Spezialfall
eingehend zu prüfen, welche Bauart und Ausführungsform sich am
besten eignet.

Q. Die Wassergaserzeugung.

Das Wassergas entsteht beim Durchleiten von Wasserdampf durch
glühenden Kohlenstoff. Der Wasserdampf wird durch Berührung mit
dem glühenden Kohlenstoff in seine Bestandteile H_2 und O zerlegt,
und der entstandene Sauerstoff verbindet sich mit dem Kohlenstoff
zu CO oder CO_2. Theoretisch vollzieht sich die Wassergasbildung somit
nach der Formel:

$$H_2O + C = CO + H_2,$$

unter Bildung von 50 Vol.% Kohlenoxyd und 50 Vol.-% Wasserstoff.

Bei zu niedriger Temperatur und bei zu hoher Dampfgeschwindigkeit erfolgt aber auch eine Umsetzung nach der Formel:

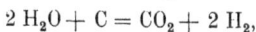

$$2 H_2O + C = CO_2 + 2 H_2,$$

d. h. es entsteht die unverbrennliche Kohlensäure CO_2. Daraus ergibt
sich, daß eine genügend hohe Temperatur der Kokssäule, und zwar
nicht unter ca. 800° zu halten ist, und der Dampfzutritt begrenzt
sein muß. Der Dampf soll ferner trocken und möglichst hocherhitzt
zutreten, da er sonst zu großen Wärmeaufwand bedingt und die
Erzeugung stark benachteiligt wird. Die Dampfzuleitung ist möglichst kurz zu halten und peinlich gegen Wärmeverluste zu isolieren.
Überhaupt ist das Isolieren der Dampfleitungen oft noch ein wunder
Punkt bei manchem Gaswerk. Der stündliche Wärmeverlust unge-
schützter Dampfleitungen ist ganz bedeutend, und das bezieht sich
nicht nur auf die glatte Rohrstrecke, sondern nicht minder auch auf
Flanschenverbindungen, Krümmer, Abzweige. Eine gute Isolierung der
Dampfleitungen ist unbedingt erforderlich.

Damit der Dampf genügend lange mit der glühenden Kokssäule

in Berührung bleiben kann, muß diese eine Mindesthöhe haben, die in der Praxis nicht unter 800 mm betragen sollte. Doch läßt sich im Betrieb nicht vermeiden, daß nach beiden vorhin genannten Formeln Wassergas entsteht, also auch etwas Kohlensäure. Übersteigt der Gehalt hieran nicht 5%, so ist er nicht zu beanstanden. Im Betrieb ist hierauf durch Innehaltung der richtigen Temperatur, des zulässigen Dampfzutritts und der erforderlichen Höhe der glühenden Kokssäule stets zu achten. Ganz läßt sich die Bildung von CO_2 (bis 4 Vol.-%) nicht vermeiden, auch etwas Dampf geht unzersetzt durch.

Die praktische Erzeugung des Wassergases geht bei gesonderten Anlagen in der Weise vor sich, daß abwechselnd der im Generator befindliche Koks warm geblasen und dann vom Dampf durchströmt wird. Hiernach unterscheidet man die Blase- und die Gaseperiode. Die Gaseperiode kann nur solange fortgesetzt werden, wie die Temperatur des Kokses hoch genug ist; dann ist der Dampf abzustellen und der Koks erneut warm zu blasen, die Blaseperiode. Hierauf wird wieder Dampf eingeführt — die Gaseperiode —, und das Spiel wiederholt sich solange, bis der Generator mit Koks neu beschickt oder der Rost gereinigt werden muß. Eine Koksanlage gestattet also, sehr schnell erhebliche Gasmengen auf geringem Raum zu erzeugen, das ist ein Hauptvorteil dieser Anlagen. Außer dem Generator und dem Dampferzeuger gehören zu einer selbständigen Koksgasanlage noch ein Luftgebläse, ein Wascher zur Reinigung und Kühlung des Gases, die Umschaltvorrichtungen und die Meßapparate.

Für das Warmblasen des Generators sind feuerungstechnisch zwei Wege gangbar, und zwar

1. das Kohlenoxyd- und
2. das Kohlendioxydverfahren.

Beim ersteren wird die Luftzufuhr und die Verbrennung beim Warmblasen des Generators so geleitet, daß Generatorgas, Kohlenoxyd und Stickstoff, entsteht. Dieses Heizgas wird dann zur Vorwärmung des Dampfes für die Wassergaserzeugung, oder zur Erhitzung von Verdampfern und Überhitzern, in welchen Gasöle verdampft, stabilisiert und dann dem Wassergas zur Aufbesserung seines Heizwertes zugesetzt werden, verwendet. Das ist die Herstellung des heißkarburierten, mit leuchtender Flamme brennenden Wassergases.

Das zweite Verfahren, das Kohlendioxydverfahren, arbeitet beim Warmblasen des Generators auf vollkommene Verbrennung, d. h. auf Kohlendioxydbildung, und zwar durch stärkere Luftzufuhr und geringere Höhe der Koksschicht. Dadurch wird der größte Teil der Verbrennungswärme im Generator selbst frei, dieser also in kürzester Zeit in Weißglut versetzt, so daß die Wassergaserzeugung in schneller Folge möglich ist. Für die Herstellung heißkarburierten Wassergases kommt wirtschaftlich nur das Kohlenoxydverfahren in Frage; da aber die Erzeugung heißkarburierten Wassergases nicht so verbreitet ist wie die des reinen Wassergases, das auch Blauwassergas genannt wird, ist das Kohlendioxydverfahren am meisten eingeführt (Dellwik-Fleischer-Verfahren). Das „kalte" Anreicherungsverfahren zur Erhöhung des Heizwertes des Wassergases besteht in der Beimischung schwerer

Kohlenwasserstoffdämpfe zum Wassergas. In den letzten Jahrzehnten wurde hierfür fast nur Handelsbenzol verwendet, früher auch leichtsiedende Kohlenwasserstoffe, die bei der Destillation des Rohpetroleums gewonnen wurden. Das Benzol wird einem Verdampfer, der mit Dampf oder Warmwasser erwärmt wird, in geregeltem Zufluß zugeführt; es verdampft und wird von dem durchströmenden Gas aufgenommen. Doch ist die Zusatzmenge begrenzt, sie hängt ab vom Taupunkt der niedrigsten Temperatur, die das Gas annimmt. Wird bei einer höheren Temperatur das Gas mit Benzoldämpfen gesättigt, so fällt ein Teil dieser im Rohrnetz wieder aus und sammelt sich in den Wassertöpfen, wenn hier das Gas eine niedrigere Temperatur bekommt. Das Verfahren hat den Vorzug großer Einfachheit.

Für die Wassergaserzeugung ist, wie erwähnt, in erster Linie die Innehaltung der erforderlichen Temperatur der Kokssäule und die richtig bemessene und möglichst trockene Dampfzufuhr wichtig. Das Warmblasen sollte nicht nach Zeit vorgenommen werden, wie es früher oft üblich war und große Mißerfolge zeitigte. Die richtige Zeit für das Abstellen des Warmblasens kann am besten durch Beobachtung der Generatorflammen abgeschätzt werden, wie das Gasmachen nach der Probierflamme. Man benutzt auch Apparate, die den Gang der Erzeugung automatisch überwachen, und beurteilt hiernach das An- bzw. Abstellen der Gase- und Blaseperiode.

Das erfordert aber immerhin eine gewisse Reaktionszeit, was sich ungünstig beim Gasmachen auswirkt.

Daß ferner die richtige Füllung des Generators mit Koks, das rechtzeitige Reinigen und Schlacken des Rostes erfolgt, ist schon wiederholt betont, aber wichtig ist auch eine eingehende Unterrichtung des Bedienungspersonals, sollen schlechte Ergebnisse vermieden werden.

Die Kosten der Herstellung des reinen Wassergases in besonderen Anlagen wurden stark umstritten. Es dürfte heute entschieden sein, daß sie keinesfalls niedriger als die der Leuchtgasfabrikation sind; karburiertes Wassergas ist durchweg teurer. Eine Wassergasanlage hat, wie schon bemerkt, hauptsächlich den Vorteil, daß mit ihr im Notfalle sehr schnell Zusatzgas erzeugt werden kann, und daß sie geringen Raum beansprucht, die spezifische Leistung je Flächeneinheit also groß ist. Einen sehr ausschlaggebenden Einfluß auf die Herstellungskosten üben die Kokspreise aus. Allgemein dürfte gelten, daß eine vergleichbare Wirtschaftlichkeit der Wassergasanlage erst dann gegeben ist, wenn der Kokspreis niedriger als der Kohlenpreis ist. Das ist also meistens nicht der Fall, wenn Stückkoks verwendet wird. Wird dagegen Kleinkoks, Perlkoks, der erheblich niedriger im Preise ist, benutzt, dann wird die Wirtschaftlichkeit der Wassergaserzeugung ganz bedeutend gehoben. Vom Standpunkt der Wirtschaftlichkeit aus ist es auch vorteilhaft, die Wassergaserzeugung direkt in den Ofen für die Leuchtgasherstellung zu verlegen, wie es bei dem „Naßbetrieb" geschieht.

Bei den Horizontalöfen hat sich das bereits beschriebene Goffin-Verfahren zur Herstellung eines Mischgases aus Steinkohlen- und Wassergas bewährt.

Die Devog baut in neuerer Zeit einen Vertikalofen mit einer der Kohlenkammer vorgelagerten Wassergaskammer, wie er von W. Bueb und Dr. Thau im GWF 1934, Heft 35, beschrieben und in unserer Abb. 2 wiedergegeben ist. Diese Kokskammer wird mit Perlkoks beschickt und ermöglicht die ununterbrochene Wassergaserzeugung im laufenden Ofenbetrieb. Das erzeugte Wassergas trifft noch im Retortenraum mit dem Steinkohlengas zusammen, was für eine Reaktion des Wassergases mit den heißen Teerdämpfen von großem Vorteil hinsichtlich des Gehalts des Gases an Kohlenwasserstoffen und seines Heizwertes ist. Diese Bauart dürfte vielleicht die beste für die Wassergaserzeugung sein, sie erhöht das Gasausbeuteergebnis ganz bedeutend; sie erfordert auch keine besondere Bedienung und keine besondere Apparatur. Es findet hier zum großen Teil eine Selbstkarburation des Gases durch Teerdämpfe statt.

Die Höhe des Zusatzes von Wassergas zum Steinkohlengas richtet sich einmal nach dem Heizwert des Steinkohlengases bzw. des entstehenden Mischgases, und zum anderen nach der Reinheit des Wassergases. Im allgemeinen kann man 10/12% Wassergas bei den üblichen Verfahren ohne besondere Beeinträchtigung der brenntechnischen Eigenschaften des Gases zusetzen. Bei dem jetzt vielfach innegehaltenen oberen Heizwert von 4200 bis 4300 kcal kann der Zusatz erheblich höher sein. Bei dem beschriebenen Jenaer Entgasungsverfahren und der vorgelagerten Kokskammer, Bauart Devog, ist es möglich, trotz höheren Zusatzes einen oberen Heizwert von 4550 bis 4600 kcal beizubehalten.

Die Flammentemperatur des reinen Wassergases ist eine hohe; es kann zu werkstechnischen Arbeiten gut verwendet werden, wie auch zur Gasglühlichtbeleuchtung. An sich verbrennt das reine Wassergas mit nichtleuchtender Flamme. Da diese kürzer ist als die des Steinkohlengases, müssen die Glühkörper entsprechende Größe haben.

Das in besonderen Anlagen erzeugte Wassergas wird nach dem Wäscher in einem Gasmesser gemessen und dann einem kleinen Gasbehälter zugeführt. Von hier aus wird es in der Vorlage oder dem Produktionsrohr dem Steinkohlengas beigemischt, mit dem es gemeinsam die Reinigungsanlage durchläuft, um so noch möglichst Kohlenwasserstoffe aus Teerdämpfen und Kondensaten aufzunehmen. Es ist aber nicht immer unbedingt erforderlich, einen Gasbehälter zwischenzuschalten; seine Zwischenschaltung erfolgt, um einen gleichmäßigen Zusatz des Wassergases zum Steinkohlengas zu ermöglichen.

R. Die Untersuchung des gereinigten Gases.

Für die Bewertung des Gases ist heute sein Heizwert das entscheidende Kriterium; früher erfolgte seine Beurteilung fast ausschließlich nach der Lichtstärke seiner Leuchtflamme.

Für die Bestimmung des Heizwertes dienen Kalorimeter, Heizwertmesser, die in verschiedenen und erprobten Ausführungen geliefert werden; genannt seien:

das Junkersche Kalorimeter,
das trockene Union-Kalorimeter,
das Kaloriskop nach Strache-Löffler,
der Ados-Heizwertmesser.

Nachstehend soll das Junkersche Gaskalorimeter beschrieben werden (Abb. 23 und 24).

Wirkungsweise und Beschreibung.

Das Prinzip der Heizwertbestimmung von Prof. Junkers Kalorimeter beruht darauf, daß die Wärmemenge eines zur Verbrennung gelangenden, kontinuierlichen Gasstromes restlos an einen ebenfalls ununterbrochen fließenden Wasserstrom abgeführt wird. Der Heizwert ergibt sich daher aus der Menge und Temperaturerhöhung des Wassers, welches während der Verbrennung einer bestimmten Gasmenge durch das Instrument geflossen ist, so daß der **Heizwert auf dem Wege der direkten Messung auf exakte Weise direkt in Wärmeeinheiten ermittelt wird.**

H sei der gesuchte Heizwert des zu prüfenden Brennstoffes in kcal/m³,

W die in der Zeiteinheit durch das Kalorimeter fließende Wassermenge in g,

G die in der Zeiteinheit im Kalorimeter verbrannte Gasmenge in Liter,

td die Differenz zwischen der Temperatur des ein- und ausfließenden Wassers in ⁰ C.

Dann ergibt sich aus der Überlegung ohne weiteres die Gleichung:

$$H \cdot G = W \cdot td \text{ oder}$$

$$H = \frac{W}{G} \cdot td = \frac{\text{Wassermenge}}{\text{Gasmenge}} \cdot \text{Temperaturdifferenz.}$$

Es bedeuten in Abb. 23:

A das eigentliche Kalorimeter als Verbrennungsapparat für das Gas und der die Wärme aufnehmende Teil,

B der Gasmesser, als Anzeigeapparat für die verbrauchte Gasmenge,

C der Gasdruckregler, als Reglerorgan für einen gleichmäßigen Gaszufluß.

Aufstellung der Gesamteinrichtung.

Kalorimeter Abb. 23.

Für die Aufstellung der Apparatur wähle man einen hellen, zugfreien und heizbaren Raum.

Kalorimeter durch Stellschrauben *22* senkrecht einstellen.

Wasseranschluß *2* mit der Wasserleitung verbinden. Es ist jedoch besser, das Wasser einem größeren Vorratsbehälter zu entnehmen, da hierbei weniger mit Temperaturschwankungen zu rechnen ist.

Am Abwasseranschluß *3* Schlauch anschließen zur Ableitung des Überlaufwassers aus Becher *4*.

Zur Kontrolle des Überlaufes, der ständig in Tätigkeit sein muß, kurzes Glasrohr in Schlauchleitung *3* einschalten.

Stutzen *7* am Schalthahn *6* mit Schlauch verbinden, der etwa 5 cm in das Meßgefäß *19* hineinragt.

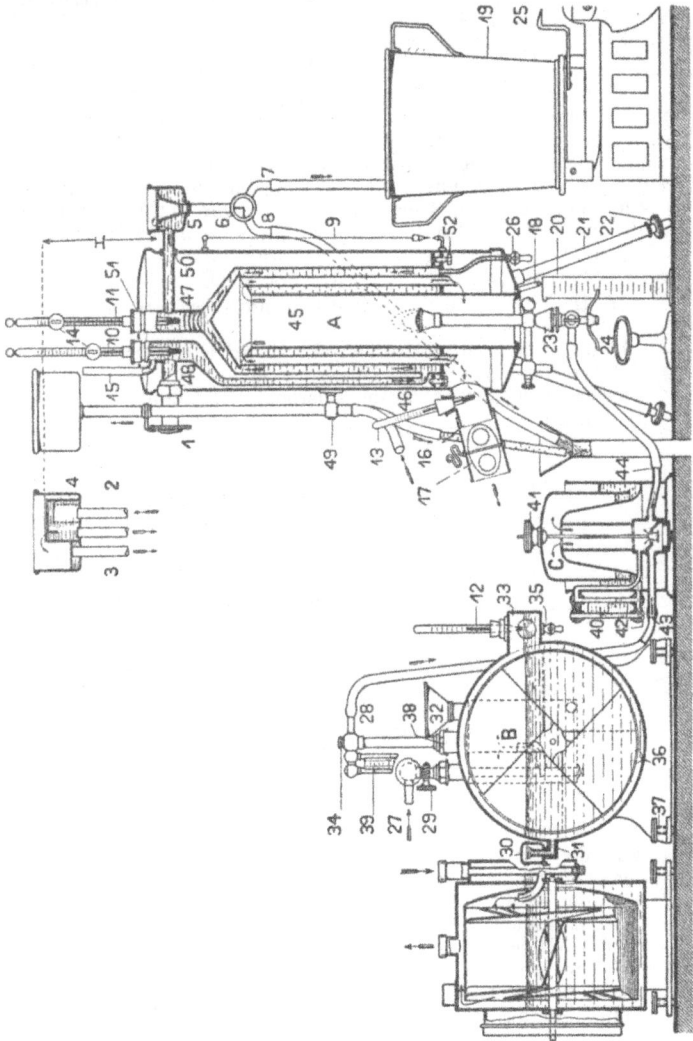

Abb. 23

Am Stutzen *8* Schlauch zur Abführung des Wassers, wenn keine Messung vorgenommen wird, anschließen.

Meßglas *20* unter Stutzen *18*, aus dem das sich bei der Verbrennung bildende Kondenswasser tropft, stellen.

Thermometer *10* und *11* zur Messung der Kalt- und Warmtemperatur kontrollieren, ob sie intakt sind.

Thermometer mit Gummistopfen einsetzen.

Ableselupen *14* über die Thermometer *10* und *11* schieben.

Thermometer *13* zur Messung der Abgastemperatur in Abgasstutzen *16* einsetzen.

Brennerdüse, Brennerkopf und stündliche Gasmenge. Je reicher das Gas, desto kleiner ist die Düsenbohrung zu wählen und umgekehrt. Bezüglich der Größe der Flamme ist wegen der Genauigkeit der zu erhaltenden Resultate darauf zu achten, daß dem Kalorimeter stündlich 900 bis 1000 kcal zugeführt werden.

Heizwert		Gasdurchgang pro Stunde		Düsenbohrung		Brennerkopf
9000	kcal	ca.	100 l	1,35	mm	mit Sieb
5000	,,	,,	200 l	1,8	,,	,, ,,
4000	,,	,,	250 l	2,0	,,	,, ,,
3000	,,	,,	350 l	2,5	,,	,, ,,
12—1500	,,	,,	500 l	4,0	,,	mit Teller

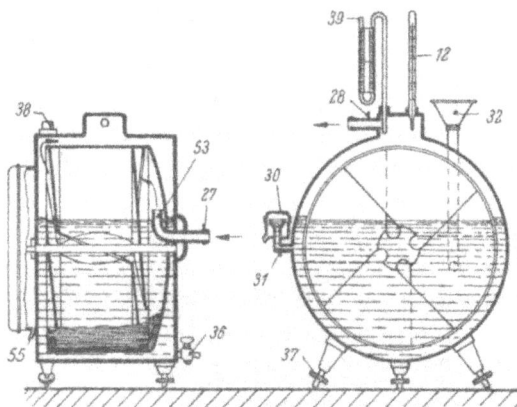

Abb. 24.

Gasmesser Abb. 24.

Fülltrichter *32* aufschrauben, Stellschrauben *37* eindrehen.

Eingang *27* mit Gasleitung, Ausgang *28* mit dem Gasdruckregler durch Schläuche verbinden.

Gasmesser durch die Stellschrauben *37* nach der Libelle *38* genau in die Waage stellen.

Kästchen *30* und Hahn *31* öffnen.

Zeiger auf Prüfmarke stellen zwecks sicherer Verdrängung der Luft im Innern beim Füllen mit Wasser.

Verschlußschraube aus Trichter *32* entfernen und temperiertes Wasser langsam einfüllen, bis es mit dem oberen Rand des trichterartig erweiterten Rohres im Kästchen *30* abschneidet.

Zur Erreichung einer stets gleichmäßigen Einstellung des Wassers ist zu beachten: Nach beendeter Füllung streiche man mit dem Finger zunächst über ein Stück Seife und dann über den vorerwähnten Trichterrand, um diesen hierdurch gut mit Wasser zu benetzen. Hierauf hält man im Abstande von etwa 1 mm eine Karte senkrecht über den Trichterrand, so daß das Auge das Bild der weißen Karte im Wasserspiegel erblickt. Bei geradem Spiegelbild ist die Einstellung richtig, bei vorhandener Krümmung des Bildes nach oben oder unten muß Wasser durch Hahn *36* abgelassen bzw. durch Trichter *32* oben zugelassen werden.

Kästchen *30*, Hahn *31* schließen und Verschlußschrauben in Trichter *32* einsetzen.

Thermometer *12* und das mit gefärbtem Wasser bis zur Nullmarke angefüllte Manometer *39* mit Gummistopfen dicht einsetzen.

Gashahn in der Leitung öffnen, Gasmesser mindestens zwei Umdrehungen machen lassen, damit sich alle Kammern mit Gas füllen. Gasdichtigkeitsprobe durch Schließen des Brennerhahnes *23* anstellen. Gasundichtigkeiten verursachen Heizwertfälschungen nach unten!

Genauigkeitsgrad des Gasmessers. Der Gasmesser ist für einen stündlichen Gasdurchgang von 250 l und 40 mm Druck geeicht und zeigt nur bei diesem Durchgang vollkommen genau. Für je 10% Mehrdurchgang ist 0,1% Minderanzeige (—0,1%) vorhanden, der wirkliche Heizwert also 0,1% kleiner als der gemessene. Bei geringerem Durchgang als 250 l ist der Fehler so klein, daß er vernachlässigt werden kann.

Wasserdichtigkeit. Aus dem mit Wasser angefüllten Kalorimeter darf nur am Auslauf *5* Wasser austreten. Beim Abtropfen aus dem Boden oder Kondensröhrchen *18* bei nicht brennender Flamme ist eine Undichtigkeit im Innern des Instrumentes vorhanden. Diese Dichtigkeitsprobe ist vor dem Einsetzen des Brenners zu machen.

Waage und Meßgefäß. Die für die Bestimmung des Meßwassers benutzte Tafelwaage muß bei einer Tragkraft von etwa 10 bis 20 kg auf 1 g genau anzeigen. Das Wassergefäß ist bei jeder Bestimmung neu zu tarieren.

Inbetriebsetzung des Kalorimeters.

Schalthahn *6* auf Stutzen *8* für Abwasser einstellen.

Wasserregulierhahn *1* auf „*0*" stellen.

Hahn in der Wasserzuflußleitung langsam soweit öffnen, daß reichlich Wasser durch die Leitung *3* abfließt.

Wasserregulierhahn *1* langsam öffnen bis etwa auf Skalenstrich „*7*", worauf die Anfüllung des Kalorimeters beginnt.

Luftregulierscheibe am Brenner ganz schließen, Brenner herausnehmen.

Gas vor dem Gasmesser anstellen und Brennerhahn *23* öffnen.

Glocke des Gasdruckreglers mehrmals auf und ab bewegen, um die Luft unter der Glocke zu verdrängen und durch Gas zu ersetzen. Diese Maßnahme ist vor jedesmaligem Neuanstellen des Kalorimeters durchzuführen.

Auf etwa zwei Umgänge des Gasmessers Gas unverbrannt entweichen lassen, damit alle Luft aus dem Kalorimeter entfernt ist.

Brenner anzünden und Flamme durch Regulierscheibe einregulieren bis sie nach Art des Bunsenbrenners entleuchtet ist und mit blau-grünem Kern erscheint.

Gasdruckregler mit Belastungsscheiben *41* belasten bis der Gasdurchgang durch den Gasmesser dem auf Seite 56 angegebenen Stundenverbrauch entspricht.

Brenner in das Kalorimeter einsetzen.

Das Einsetzen darf jedoch nicht früher erfolgen, bevor das Wasser aus dem Auslauf *5* ausfließt. Auf die zentrale Stellung des Brenners ist besonders zu achten, da Anschlagen der Brennerflamme unvollkommene Verbrennungen und schlechte Mischung des Kühlwassers verursacht.

Drosselklappe *17* ganz öffnen (vor Zugluft schützen).

Eine vorgeschriebene Einstellung des Luftüberschusses ist für gewöhnlich nicht erforderlich. Tritt ein Singen der Flamme ein, so suche man durch Schließen der Klappe oder durch Verstellen der Luftregulierscheibe am Brenner dies zu beseitigen.

Wasserdurchfluß durch das Kalorimeter regulieren. Nach Einführung des Brenners in das Kalorimeter beginnt das Thermometer *11* für das Warmwasser zu steigen, bis es nach einigen Minuten seinen Stillstand erreicht, im Kalorimeter also Beharrungszustand herrscht. Der Wasserwert, d. h. der eigentliche Wasserinhalt des Kalorimeters, und die Wärmekapazität der Metallteile sind hierbei ohne Einfluß, da bei einem Stromkalorimeter in jedem Augenblick durch den ständig fließenden Wasserstrom soviel Wärme entführt wird, wie die Brennerflamme erzeugt.

Die Differenz zwischen dem kalten und dem warmen Wasser stelle man zweckmäßig auf 10 bis 12° C ein. Diese Temperaturdifferenz wird erhalten durch Verstellen des Wasserregulierhahnes *1*, also durch Änderung der durch das Kalorimeter fließenden Wassermenge.

Hierbei ist folgendes zu beachten: Das Wasser muß unbedingt in gleichmäßigem Strom durch das Kalorimeter fließen, d. h. die Wasserüberdruckhöhe muß stets unverändert gehalten werden. Dies wird erreicht, indem man die durch das Rohr *2* zufließende Wassermenge so bemißt, daß im Überlaufgefäß *4* ständig ein Überfließen von Wasser über den ganzen Rand des inneren Bechers stattfindet. Es muß daher stets Wasser in mäßig vollem Strome aus der Überlaufleitung *3* ausfließen, was durch das eingeschaltete Glasrohr jederzeit beobachtet werden kann.

Um möglichst große Genauigkeit bei der Heizwertbestimmung zu erhalten, müssen die durch Gas- und Verbrennungsluft dem Kalorimeter zugeführten Wärmemengen und die durch die Abgase aus dem Kalorimeter abgeführten Wärmemengen gleich sein. Dies ist in den meisten Fällen der Fall, wenn die Abgase eine Temperatur haben, die ca. 4 bis 5° unter der Raumtemperatur liegt. Da sich die Abgase der Temperatur des in das Kalorimeter eintretenden Kühlwassers anpassen, muß also auch dieses etwa 4 bis 5° unter der Raumtemperatur liegen.

Ausführung der Heizwertbestimmung.

Mit der Ausführung des Versuches darf erst begonnen werden, wenn das Thermometer *11* am Wasserausgang seinen Höchststand erreicht hat, ihn gleichmäßig beibehält, und wenn das Kondenswasser am Abflußröhrchen *18* gleichmäßig abtropft. Zur Erreichung dieses Beharrungszustandes im Kalorimeter sind, vom Einsetzen des Brenners gerechnet, mindestens 8 bis 10 min erforderlich.

Heizwertbestimmung. Zur Vereinfachung der Rechnung werden zweckmäßig 10 l Gas verbrannt. Während dieser Zeit sind die Thermometer abwechselnd je zehnmal abzulesen. Die Thermometer lassen $1/10$° Ablesung direkt zu, die Zwischenräume werden auf $1/100$° geschätzt. Das während der Verbrennung von 10 l Gas durch das Kalorimeter geflossene und erwärmte Wasser ist für genauere Messungen abzuwägen, sonst kann auch das dem Kalorimeter beigefügte Meßglas benutzt werden. Die Temperaturablesungen und Bestimmungen der Kühlwassermenge werden sogleich anschließend ein zweites, wenn nötig ein drittes Mal vorgenommen, wozu bei einiger Übung und ruhiger Arbeitsweise während des gleichzeitigen Durchganges von 60 l Gas zur Bestimmung des Kondenswassers ausreichend Zeit vorhanden ist. Die Feststellung der sonstigen Versuchsbedingungen (Temperatur und Druck des Gases, Barometerstand) werden zu Beginn der Bestimmungen vorgenommen und nach Beendigung derselben nachgeprüft. Sämtliche Ablesungen werden in Rubriken des vorbereiteten Berechnungsvordruckes eingetragen.

Berechnung des Heizwertes. Mit dem Kalorimeter erhält man den oberen, unreduzierten Heizwert (Verbrennungswärme) des Gases, d. h. den Heizwert, welcher sich ergibt, wenn die Abgase bis auf die Eintrittstemperatur des Gases bzw. der Verbrennungsluft abgekühlt werden, so daß also der in den Verbrennungsprodukten enthaltene Wasserdampf vollständig kondensiert wird und die Kondensationswärme des Wasserdampfes mit im Heizwert enthalten ist.

Um Heizwertbestimmungen, welche zu verschiedenen Zeiten gemacht worden sind, miteinander zu vergleichen, müssen der Barometerstand, die Temperatur des Gases und für trockenes Gas die der Temperatur entsprechende Spannung des Wasserdampfes berücksichtigt werden, weil das Kalorimeter nicht den reduzierten, sondern den dem jeweiligen Barometerstand und der jeweiligen Gastemperatur entsprechenden Heizwert, und zwar des nassen Gases angibt.

Der Heizwert wird auf 0° C 760 mm QS Barometerstand bezogen.

Eine Änderung des Druckes der Luft, also des Barometerstandes um 8 mm, bedeutet rund eine Volumenänderung des Gases von etwa 1%, d. h. je höher der Druck, je höher auch der Heizwert des Gases und umgekehrt. Eine Änderung der Temperatur des Gases um 2° bedeutet eine Volumenänderung von rd. 1%, d. h. je kälter das Gas, je höher der Heizwert und umgekehrt.

Der Umrechnungsfaktor F berechnet sich nach der Formel:

$$F = \frac{760}{273} \cdot \frac{273 + t}{bo + p_1 - S}.$$

Der auf Normalzustände (0° 760 mm trocken) reduzierte, obere bzw. untere Heizwert ergibt sich demnach als

$$Ho_{0°\ 760} = \frac{W \cdot td}{G} \cdot F = Ho \cdot F$$

bzw.

$$Hu_{0°\ 760} = (Ho - r) \cdot F = Hu \cdot F.$$

Es bedeutet:

p_1 der auf mm Quecksilbersäule umgerechnete Druck der Gas-Wassersäule.

S die Spannung des Wasserdampfes bei der Temperatur des Gasmessers.

r die Verdampfungswärme des Kondenswassers.

Außer der Heizwertmessung ist die Bestimmung des spezifischen Gewichtes des Gases von großer Wichtigkeit. Von ihm wird die Durchflußgeschwindigkeit des Gases durch Rohrleitungen und seine Ausflußgeschwindigkeit bei Brennern beeinflußt; außerdem zeigt es Unregelmäßigkeiten in der Gaserzeugung an, was auch das Kalorimeter zu erkennen gibt. Zur Bestimmung des spezifischen Gewichtes von Gasen dienen meistens die Luxsche Gaswaage oder Apparate, die auf der Erfassung der verschiedenen Ausströmungsgeschwindigkeiten gleicher Volumina verschiedener Gase bei gleichem Druck und gleicher Temperatur aus einer möglichst feinen Öffnung beruhen, wie z. B. der bekannte Bunsen-Schillingsche Apparat (Abb. 25). Die Quadrate der Ausflußzeiten verschiedener Gase aus der feinen Öffnung sind den spezifischen Gewichten der Gase direkt proportional. Bezeichnet man die Ausflußteit des einen Gases mit A_1, die des anderen mit A_2, und die spezifischen Gewichte mit d_1 bzw. d_2, so ist $A_1{}^2 : A_2{}^2 = d_1 : d_2$. Wird nun an Stelle des einen Gases die Luft gewählt und deren spezifisches Gewicht $= 1$ gesetzt, so erhält man $A_1{}^2 : A_2{}^2 = 1 : d_2$, oder das spezifische Gewicht des zu untersuchenden Gases $d_2 = \dfrac{A_2{}^2}{A_1{}^2}$. Für sehr genaue Bestimmungen müssen die mit dem Schillingschen Apparat gefundenen spezifischen Gewichte der feuchten Gase auf trockene Gase umgerechnet werden. Für die tägliche Gaswerkspraxis aber genügt die einfache Feststellung.

Die Handhabung ist sehr einfach. Jedes Gaswerk sollte einen derartigen Apparat besitzen und täglich mehrere Male das spezifische Gewicht bestimmen; zweckmäßig ist auch die Anwendung registrierender Apparate.

Außer diesen Bestimmungen ist auch die chemische Untersuchung des Stadtgases erforderlich. Hierfür eignen sich vorzüglich die Buntebürette (Abb. 26) und der Orsatapparat wie Abb. 3 ihn in einer einfachen Ausführung darstellt. Das Gasinstitut hat einen Orsatapparat

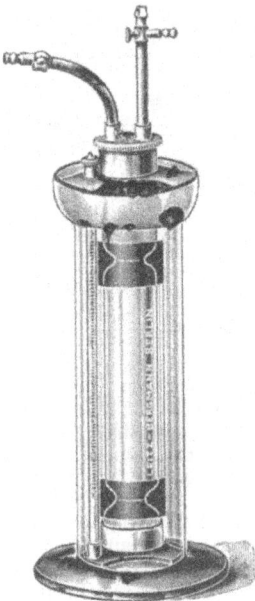

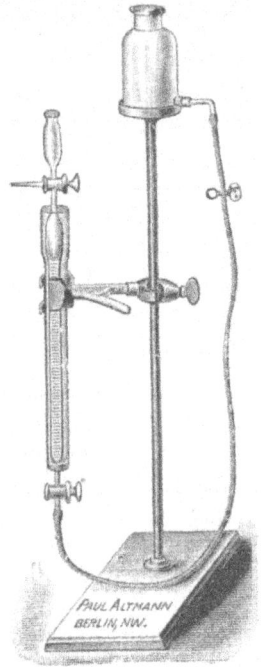

Abb. 25.	Abb. 26.

zur Ausführung kompletter Gasanalysen entworfen, der von Dr. Göckel, Berlin, Luisenstraße, zu beziehen ist.

Es genügt für die tägliche Untersuchung im allgemeinen die Bestimmung

    1. der Kohlensäure,
    2. der schweren Kohlenwasserstoffe,
    3. des Sauerstoffes, und
    4. des Kohlenoxydes.

Dies geschieht durch Absorption mittels Reagenzien. Zeitweise ist aber auch der Gehalt an

    5. Wasserstoff und
    6. Methan

festzustellen, was durch Verbrennung erfolgt. Der Rest ist Stickstoff.

Über die Handhabung der Apparate und die Ausführung der Bestimmungen ist näheres aus der Literatur zu entnehmen.

Ist die Zusammensetzung des Gases bekannt, so lassen sich oberer Heizwert (Verbrennungswärme) und unterer Heizwert (Heizwert) leicht daraus berechnen, indem man die in 1 m³ Gas enthaltenen Mengen der einzelnen Gasbestandteile mit ihren Verbrennungswärmen bzw. Heizwerten multipliziert und die Produkte addiert. Die Bestimmung mit dem Kalorimeter ist jedoch einfacher. Das Gas soll Schwefel nur in Verbindung organischer Natur, so als Schwefelkohlenstoff

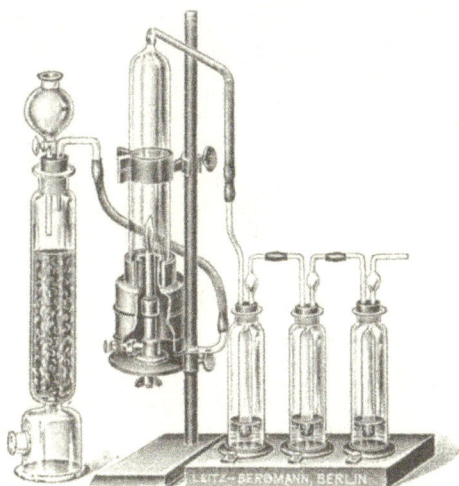

Abb. 27.

hauptsächlich und nur in geringer Menge enthalten. Zur Bestimmung des Schwefelgehaltes im Gase ist von Prof. Drehschmidt folgende Methode ausgearbeitet worden (Abb. 27 zeigt die Apparatur): Man verbrennt das Gas im gewöhnlichen Bunsenbrenner, der in einer metallenen Kammer steht. Die Verbrennungsluft wird dieser Kammer durch eine besondere Leitung zugeführt, und zwar durch einen Turm, der mit Glasperlen gefüllt ist und mit Kalilauge oder alkalischer Bromlauge berieselt wird, damit alle in der Luft etwa vorhandenen Schwefelverbindungen zurückgehalten werden. Die metallene Kammer wird durch einen Glaszylinder nach oben abgeschlossen, der in einer mit Quecksilber gefüllten Rinne steht. Von dem Glaszylinder führt ein Röhrchen zu 3 Waschflaschen, von denen die ersten zwei mit je 20 cm³ 5proz. Kaliumkarbonatlösung mit einigen Tropfen Brom gefüllt sind.

Die dritte Waschflasche ist nur mit 20 cm³ Kaliumkarbonatlösung gefüllt und ist an eine Wasserstrahlpumpe angeschlossen. Vor dem
Bunsenbrenner wird ein Gasmesser eingeschaltet. Bei der Untersuchung wird zunächst der Bunsenbrenner bei abgenommenem Glaszylinder angezündet, und man läßt ihn ½ h brennen. Während dieser
Zeit reguliert man die Gaszufuhr auf 25 l stündlich ein. Dann wird die
Wasserstrahlpumpe in Gang gesetzt, die Glashaube über den Brenner
gestülpt und das Röhrchen mit den Waschflaschen verbunden. Der
Gasmesserstand wird abgelesen und der Luftschlauch der Strahlpumpe
soweit zugequetscht, bis die Flamme ruhig und mit deutlichem Kern
brennt. Der Versuch wird beendet, nachdem 50 l Gas verbrannt sind.
Gas und Pumpen werden abgestellt, und die Apparatur wird aus-
einandergenommen. Der Inhalt der 3 Waschflaschen wird in ein
Becherglas von etwa 300 cm³ Inhalt gebracht und mit Salzsäure ange-
säuert. Dann vertreibt man das freigewordene Brom durch Kochen,
gibt in die noch siedende Lösung 10 cm³ siedender 10proz. Chlorbariumlösung und läßt das entstandene Bariumsulfat absitzen. Dann
filtriert man durch ein quantitatives Filter, wäscht dieses gut aus und
verascht es im Platintiegel. Den weißen Rückstand raucht man mit
2 Tropfen konzentrierter Schwefelsäure ab, glüht ihn und wägt. 1 g
Bariumsulfat entspricht 0,1373 g Schwefel. Die bei der Verbrennung
von 50 l Gas erhaltene Menge Bariumsulfat ergibt mit 274,6 multipliziert den Schwefelgehalt von 100 m³ Gas an.

8. Normale Beschaffenheit des Stadtgases.

Der Deutsche Verein von Gas- und Wasserfachmännern hat dafür
folgende Richtlinien aufgestellt: Das von den Gaswerken abgegebene
Mischgas ist als normal zu betrachten, wenn es einen oberen Heizwert
von 4000 bis 4300 kcal/m³ bei 0⁰ und 760 mm besitzt. Dieser Heizwert
soll durch Zusatz brennbarer Gase und nicht durch übermäßige Beimischung von Rauch- und Generatorgasen erreicht sein. Das spezifische
Gewicht soll 0,5 nicht überschreiten. Das Gas darf nicht mehr als
12 Vol.-% unbrennbarer Gase enthalten (Kohlensäure und Stickstoff)
und der Sauerstoffgehalt keinesfalls mehr als 0,5%, möglichst nicht
über 0,2 Vol.-% betragen. Es muß rein von Schwefelwasserstoff,
Ammoniak und Teer sein; Ammoniak muß bis auf 0,5 g in 100 m³
entfernt sein.

Der Naphthalingehalt des reinen Gases soll 5 g in 100 m³ nicht
überschreiten. Bei Fernleitungen soll er unter $\dfrac{5\,g}{p}$ in 100 m³ betragen,
wobei p den Anfangsdruck in ata bedeutet. Ferner ist unbedingtes Erfordernis, daß Heizwert, spezifisches Gewicht und Druck gleichmäßig
bleiben. Die Schwankungen a) des absoluten Heizwertes sollen nicht
mehr als ± 25 kcal, b) der Meßergebnisse nicht mehr als ± 75 kcal
betragen, die Schwankungen des spezifischen Gewichts entsprechend
± 0,012 bzw. ± 0,015. Die Dichte ist auf trockenes Gas gegenüber
trockener Luft von 0⁰ 760 zu beziehen.

T. Die Anfallprodukte.

Bei der Herstellung des Leuchtgases werden noch hauptsächlich Koks, Ammoniakwasser, Teer sowie Schwefel- und cyanhaltige Reinigungsmasse gewonnen.

Der Koks entfällt in glühendem Zustand mit etwa 900 bis 1000° den Retorten bzw. Kammern. In kleinen Betrieben wird er meistens von Hand gelöscht, durch Übergießen mit Wasser aus Eimern; in größeren Betrieben erfolgt die Ablöschung durch Abbrausen in besonderen Kokslöschtürmen oder auf Ablöschrampen, die vor den Öfen angeordnet sind und auf die der Koks ausgestoßen wird. Auch erfolgt die Ablöschung in unter den Öfen befindlichen, zum Teil mit Wasser gefüllten und mit einem Abzug versehenen Rinnen, in welchen der Koks durch Kettenroste abtransportiert wird (z. B. Brouwer-Rinne).

Durch dieses wärmetechnisch schlechte Ablöschverfahren wird viel Wärme nutzlos vernichtet. Es ist daher schon lange versucht worden, durch andere Verfahren die Kokswärme wenigstens z. T. nutzbar zu machen, so durch Ersticken des Kokses in einem indifferenten Gase zur Gewinnung der fühlbaren Wärme, die sog. trockene Kokskühlung. Die trockene Kokskühlung nach dem Sulzer-Verfahren erfolgt so, daß der heiße Koks in einem Schacht durch eine im Kreislauf bewegte geringe Luft- bzw. Stickstoffmenge abgekühlt wird; die erhitzte Luft-Stickstoffmenge wird zur Dampferzeugung ausgenutzt.

Für kleinere und mittlere Werke wurde auf dem Gaswerk Stendal ein gutes Löschverfahren in Verbindung mit einem Kokslöschturm ausgearbeitet, um einen möglichst wasserfreien Koks zu erhalten (Abb. 28). (Journal für Gasbeleuchtung und Wasserversorgung 1911). Die Absicht war hierbei, den Koks in einer Dampfhülle zu ersticken, um so seine Wasseraufnahme möglichst niedrig zu halten. Der Kokswagen wird in den Löschturm eingefahren und der Kokskorb durch eine Kettenradübersetzung in einen darunter befindlichen Wasserbehälter versenkt; nach etwa 3 min wird der Kokskorb wieder hochgezogen. Um die glühenden Koksstücke bildet sich eine Dampfschicht, die den Koks kühlt, ohne daß nennenswert Wasser eindringt. Zerschlägt man die Koksstücke, so findet man, daß sie im Innern fast noch glühend sind, die äußere Schale aber dampfkalt ist. Dieser Koks enthielt nur 3 bis 4% Wasser, während der Wassergehalt beim Abbrausen und Ablöschen in Rinnen weit größer ist. Auch bleibt der Koks großstückiger, er wird weniger zersprengt. Das Verfahren wurde von einer Anzahl Werken in Deutschland und der Schweiz aufgenommen; die Ausführung hatte die Firma A.-G. Julius Pintsch-Berlin.

Auch hat man Anordnungen getroffen, bei welchen dem glühenden Koks nur eine beschränkte Wassermenge durch Brausen zugeführt wird; der Kokswagen wird dann abgedeckt, und der Koks in dem sich bildenden Dampf erstickt. Auch diese Maßnahme bezweckt die Gewinnung eines möglichst wasserfreien Kokses.

Der Gaskoks ist ein sehr guter rauchfreier Brennstoff für Hausfeuerungen, Zentralheizungen, Dampfkessel sowie gewerbliche und industrielle Anlagen; er ist vielfach anderen gleichartigen Brennstoffen

überlegen. Aber für seine Verfeuerung müssen die verbrennungstech-
nischen Bedingungen beachtet werden; darauf muß der Gasfachmann
stets hinwirken. Der Rohkoks sollte nicht zum Verkauf gelangen, er
ist aufzubereiten, d. h. in verschiedene Stückgrößen zu zerkleinern, die
getrennt aufgefangen und gelagert werden; Grus und Kleinkoks sind
gleichfalls getrennt abzusondern, möglichst schon vor dem Brecher.

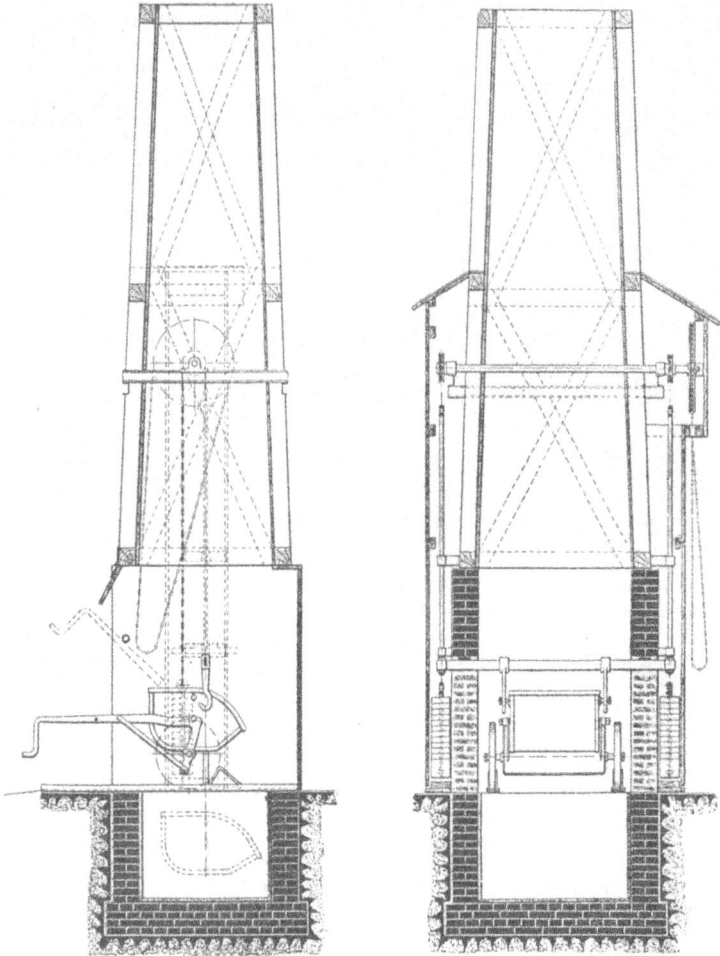

Abb. 28.

Für die Aufbereitung dienen Brech- und Sortierwerke verschiedener Größe und Ausführung. Die Lagerung des sortierten Kokses sollte möglichst unter Dach erfolgen. Sowohl im Werk wie auf dem Transport zur Verwendungsstelle ist er schonend zu behandeln, was vielfach nicht beachtet wird und zu falscher Beurteilung führt.

Feinkörnige Kohle gibt besseren Koks als stückige; durch Mischung von Kohlensorten verschiedenen Bitumengehalts kann ebenfalls die Koksqualität verbessert werden. Vollgefüllte Entgasungsräume (Vertikalöfen, Großraumöfen) geben infolge des natürlichen Drucks der Kohlen-Kokssäule einen dichteren und härteren Koks, wie auch bei aschereinerer Kohle der Koks haltbarer ist. Als normale Schütthöhe können 3 bis 4 m gelten; bei vorübergehender Lagerung sind auch größere Schütthöhen zulässig.

Der Teer und das Ammoniakwasser werden durch besondere Leitungen in die Grube geführt, und zwar zunächst beide gemeinsam in die sogenannte Scheidegrube. Die Leitungen, welche Teer führen, müssen ein Gefälle von mindestens 1 : 40 haben, um Ansetzungen von Dickteer zu vermeiden. Außerdem sind häufig in die Leitungen Reinigungsdeckel einzulegen, um etwaige Verstopfungen leicht und schnell beseitigen zu können. Bei der Anlage dieser Leitungen ist der Durchmesser stets genügend groß zu wählen. Neben der Scheidegrube werden die Ammoniakwasser- und die Teergrube angeordnet. Teer- und Ammoniakwasser trennen sich in der Scheidegrube nach ihrem spezifischen Gewicht, und zwar sinkt der Teer, weil er schwerer ist, zu Boden, während das Ammoniakwasser sich oben sammelt. Von der Scheidegrube zur Ammoniakwassergrube führt ein Überlaufrohr, etwa 5 cm unter dem Flüssigkeitsspiegel. Das Überlaufrohr aus der Scheidegrube zur Teergrube wird bis nahe über den Boden der Scheidegrube hinuntergeführt, erhebt sich über den höchsten Stand des Gaswassers und mündet seitlich durch einen Abzweig in die Teergrube 10 cm tiefer als der Wasserüberlauf. Die Gruben müssen befahrbar angeordnet werden. Die Einsteigschächte werden durch Deckel aus Gußeisen sicher verschlossen. Schmiedeeisen würde sehr schnell zerstört werden und ist infolgedessen nicht anzuwenden. Die Gruben müssen wasserdicht verputzt werden. Bei der Ammoniakwassergrube wird dieser Verputz zweckmäßig asphaltiert oder mit Teer gestrichen, da der Putz von Gaswasser allmählich angegriffen wird. Die Größe der Grube richtet sich nach der Maximalleistung des Werkes. Da im Durchschnitt 4 bis 5% der vergasten Kohle als Teer, dagegen etwa 8 bis 10% als Ammoniakwasser gewonnen werden, so folgt daraus, daß die Ammoniakwassergrube ungefähr doppelt so groß sein muß wie die Teergrube. Die tägliche Messung des Vorrates an Ammoniakwasser und Teer in der Grube ist empfehlenswert, um einen dauernden Überblick über den Bestand zu haben. Der Teer darf heute laut ministerieller Anordnung nur der restlosen Aufarbeitung zugeführt werden, andere Abgabe ist verboten. Er darf nur in Destillationsanlagen verarbeitet werden, die von der Überwachungsstelle für Mineralöl, Berlin W 8, als geeignet anerkannt und bekanntgemacht worden sind.

Der Teer wird in Kesselwagen verladen. In größeren Betrieben

sind Hochbehälter aufgestellt, in welche der Teer oder auch das Ammoniakwasser gepumpt wird. Bei der Verladung läßt man dann den Teer
oder das Ammoniakwasser in den Kesselwagen ablaufen. Bei anderen
Werken wird der Teer aus den Gruben in Kesselwagen oder in Fässer gepumpt. Der Teer muß möglichst wasserfrei sein; sein Wassergehalt soll
nicht mehr als 5% betragen. In größeren Betrieben wird er oft durch
Zentrifugen noch besonders entwässert. Der Wassergehalt des verkauf-
ten Teeres muß bestimmt werden, weil der Berechnung wasserfreier
Teer zugrunde gelegt wird. Für die Entwässerung des Teers hat man
auch besondere Apparate gebaut; der Teer fließt dabei langsam in
dünner Schicht in einer schrägen Rinne oderüber senkrechte Well-
bleche, dabei sein Wasser abscheidend, oder, bei größeren Anlagen,
sind es Teerschleuder, durch die das Wasser vom Teer getrennt wird.

Die Teerprobe zur Bestimmung des Wassergehaltes wird dem be-
ladenen Wagen entnommen, und zwar mit Hilfe eines Stechhebers.
Das ist ein bis auf den Boden des Wagens oder Behälters reichendes
eisernes Rohr von mindestens 50 mm Weite, das am unteren Ende
durch ein Kegelventil verschlossen werden kann. Das Ventil wird
durch eine im Innern des Rohres hindurchgehende Ventilstange betätigt. Das Rohr wird langsam bis auf den Boden in den Waggon eingeführt, und darauf durch Ziehen an der Stange die untere Öffnung
des Rohres mittels des Kegelventils verschlossen. Die so gewonnene
Probe wird gut durchgerührt und davon ein Teil zur Untersuchung verwendet, während der übrige Teil als Gegenprobe aufbewahrt wird.

Zur Feststellung des Wassergehalts kann wie folgt verfahren
werden: in die etwa 1 l fassende Kupferblase eines Destillierapparates
bringt man 500 g des gut durchgerührten Teers, setzt den Apparat zusammen und erhitzt langsam bis zur Destillation. Um dabei etwaiges
Schäumen und Überkochen zu vermeiden, erhitzt man die Blase in
Höhe des Teerspiegels mit einem Ringbrenner so lange, bis wasserfreies
Öl übergeht, was bei etwa 200° der Fall ist. Das Destillat wird in einem
Meßzylinder aufgefangen, man läßt es absetzen und liest dann die
Menge des unten im Meßzylinder abgesetzten Wassers ab. Anfangs
steigt die Temperatur allmählich an, sobald das Wasser aber über-
destilliert ist, beginnt der Quecksilberfaden des Thermometers stark
zu steigen, ein Zeichen, daß die Destillation abgebrochen werden kann.

Das Ammoniakwasser mit etwa 2 bis 3% Ammoniakgehalt hat
eine gelbliche Farbe und riecht kräftig. Dieser verhältnismäßig geringe Gehalt des Wassers an NH_3 verträgt infolge der viel zu hohen
Kosten keine Verfrachtung auf weite Entfernung. Falls nicht in der
Nähe des Gaswerkes chemische Fabriken sind, die das Ammoniakwasser abnehmen, ist es bei einigermaßen günstiger Preislage vorteilhafter,
das Wasser zu verarbeiten entweder auf verdichtetes Gaswasser, eine
hochprozentige rohe Ammoniaklösung, oder auf Salmiakgeist bzw.
flüssiges Ammoniak, zwei reine und die edelsten Erzeugnisse, die aus
dem Ammoniakwasser zu gewinnen sind. Zu ihrer Erzeugung bedarf es
besonderer Destillier- und Kühlanlagen; die Herstellung verdichteten
Gaswassers verläuft bis zu einem gewissen Grade ähnlich. Eine weitere
Verarbeitungsmöglichkeit ist die Erzeugung von schwefelsaurem
Ammoniak.

Hierbei wird das Ammoniakwasser destilliert und die ammoniakhaltigen Dämpfe in mäßig verdünnte Schwefelsäure geleitet. Es entsteht dann nach der Gleichung $2\,NH_3 + H_2SO_4 = (NH_4)\,2\,SO_4 =$ Ammoniumsulfat. Dieses scheidet sich aus der Lösung kristallinisch ab. Die bei der Destillation gebildeten Dämpfe werden bei offenen Anlagen mittels eines ausgezackten Tauchrohres aus Blei in den hölzernen mit Blei ausgeschlagenen Kasten, welcher die Schwefelsäure enthält, geleitet. Es wird hierzu meist rohe Schwefelsäure von 60^0 Bé $= 1{,}71$ spezif. Gewicht, welche ungefähr 78% H_2SO_4 enthält, verwendet. Zum Betrieb wird der Sättigungskasten $\frac{3}{4}$ mit Säure angefüllt, welche auf etwa 42^0 Bé durch Zusatz von Mutterlauge verdünnt wird. Man verdünnt direkt im Kasten, wobei man die Säure in die Mutterlauge einfließen läßt. Läßt man die ammoniakhaltigen Dämpfe eintreten, so wird an der Oberfläche Schaum abgeschieden. Ist er schwarz, so kann man ihn im Kasten lassen, ist er dagegen teilweise oder ganz gelbgrün, so besteht er aus Schwefelarsen und muß entfernt werden, da sonst das Salz verunreinigt werden würde. Während des Betriebes ist besonders darauf zu achten, daß die abgesonderten Salzmengen unter dem Tauchrohr vorgezogen werden, damit dieses nicht verstopft wird. Nach längerer Betriebszeit wird die Flüssigkeit gelb, d. h. sie nähert sich der Neutralität. Das Salz, welches man mit einem Löffel abschöpft, fließt nicht mehr vom Löffel, sondern bricht blumenkohlartig auseinander. Es ist nun gar und kann ausgeschöpft werden. Dieses ausgeschöpfte Salz wird auf einer Tropfbühne zunächst getrocknet und darauf mit einer Zentrifuge weitergetrocknet und auf Lager gebracht. Für die Verarbeitung des Gaswassers in kleinen Gaswerken erscheint die Wirtschaftlichkeit einer Destillationsanlage fraglich, daher empfiehlt Ott ein anderes Verfahren zur Sulfaterzeugung, das keiner teueren Apparatur bedarf.

Bei diesem füllt man das Gaswasser in eine im Freien stehende Holzkufe, die mit Blei ausgeschlagen ist, und setzt mittels eines Hebers unter stetem Umrühren so viel Säure hinzu, daß blaues Lackmuspapier gerötet wird. Dann mischt man noch Gaswasser zu, bis sowohl blaues wie rotes Lackmuspapier unbeeinflußt bleiben. Die auf diese Weise erzielte Sulfatlösung wird in einer länglichen, verbleiten Eisenpfanne eingedampft, welche man in die Decke des Rauchkanals der Retortenöfen derart eingebaut hat, daß sie von den Rauchgasen bestrichen wird. Man dampft nun ein, bis sich eine Kristallhaut bildet und läßt dann die Lösung in einem Holzbottich kristallisieren. Das gewonnene Salz ist zwar nicht so rein, wie beim Destillationsverfahren, aber nach Otts Ansicht gut verkäuflich. Die Eisenpfanne muß leicht auswechselbar angebracht sein, damit sie gegebenenfalls ausgebessert werden kann.

Statt des „unterbrochenen Betriebs" der Salzerzeugung, also der abwechselnden Beschickung und Entleerung der Sättigungskästen, kann man auch den „ununterbrochenen" durchführen, bei dem Säure und Mutterlauge dauernd in dünnem Strahl zufließen; von Zeit zu Zeit wird das gebildete Salz mechanisch ausgebracht und in einer Salzschleuder von Mutterlauge getrennt und getrocknet.

Es kann das Ammoniak auch unmittelbar aus dem Rohgase als

Sulfat gewonnen werden, wobei zwei Verfahren, das direkte und das halbdirekte, zu nennen sind; es kann hier nur darauf hingewiesen werden.

Zur Bestimmung des Gesamtammoniakgehaltes im Gaswasser bedient man sich folgender Methode: ein Glaskolben von 500 cm³ Inhalt wird mit 10 cm³ Gaswasser, 250 cm³ dest. Wasser und 100 cm³ Kalkmilch beschickt, ein Gummistopfen mit Tropfenfänger aufgesetzt und letzterer an einen Kühler angeschlossen. Das Kühlrohr ist nach unten umgebogen und taucht in 50 cm³ Normalschwefelsäure, die sich in einem Erlenmeyerkolben von 300 cm³ Inhalt befinden. Man destilliert nun ²/₃ des Kolbeninhaltes ab, spült das Kühlrohr mit Wasser aus und titriert die vorgelegte Säure unter Zusatz von 2 Tropfen Methylorange mit Normalkalilauge zurück. Die Anzahl der verbrauchten Kubikzentimeter Säure, multipliziert mit 1,7, gibt den Gehalt des Gaswassers an Ammoniak in Gramm für 1 l an (Abb. 29).

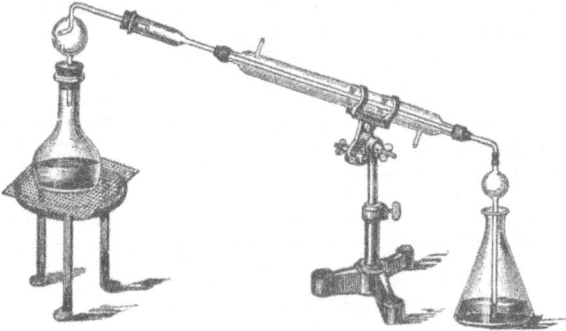

Abb. 29.

Für die Verkaufsanalyse des Ammoniumsulfates wendet man die gleiche Methode an. 10 g einer guten Durchschnittsprobe des Salzes werden in Wasser gelöst und auf 1000 cm³ verdünnt. Dann destilliert man 100 cm³ der Lösung mit 100 cm³ Kalkmilch unter Vorlage von 50 cm³ ½-normaler Schwefelsäure, titriert mit ½-normaler Kalilauge zurück und multipliziert die Anzahl der verbrauchten Kubikzentimeter Säure mit 0,85. Die erhaltene Zahl gibt den Prozentgehalt des Salzes an Ammoniak an.

Das Abwasser der Kolonnenapparate wird ebenfalls nach der Destillationsmethode untersucht. Man wendet davon 100 cm³ neben 100 cm³ Kalkmilch an und legt ½-normale Säure vor. Der Faktor ist dann 8,5 für Gramm Ammoniak in 100 l Wasser.

Verdichtetes Gaswasser prüft man durch unmittelbare Titration; 10 cm³ davon verdünnt man auf 1000 cm³, versetzt 100 cm³ der Lösung im Erlenmeyerkolben von 300 cm³ Inhalt mit 50 cm³ Normalschwefelsäure und kocht eine Viertelstunde lang, wobei man auf den Kolben einen kleinen Glastrichter setzt. Darauf kühlt man mit Wasser, färbt mit 2 Tropfen Methylorange und titriert den Säureüberschuß mit Kalilauge zurück. Der Multiplikationsfaktor zur Umrechnung auf Gramm Ammoniak in 100 cm³ ist 1,7. Für den Verkauf muß man außerdem durch Wägen von 10 cm³ Gaswasser im gewogenen, verschlossenen Wägegläschen noch das spezifische Gewicht des Gaswassers ermitteln und den gefundenen Ammoniakgehalt durch das spezifische Gewicht dividieren, um die wahren Gewichtsprozente zu erhalten.

Die unmittelbare Titration wird auch zur Bestimmung des flüchtigen Ammoniaks im Gaswasser verwandt, wobei man 10 cm³ Gaswasser mit 250 cm³ Wasser verdünnt und sofort mit Normalsäure unter Zusatz von Methylorange titriert. Der Umrechnungsfaktor auf Gramm Ammoniak im Liter ist 1,7.

II. Die Gasverteilung.

A. Das Rohrnetz, seine Anlage, Berechnung, Überwachung und Prüfung.

Zwei Hauptbedingungen sind für die Abgabe des Stadtgases besonders zu beachten: es muß den Verbrauchsstellen mit gleichbleibendem Heizwert und mit gleichmäßigem Druck zugeführt werden. Die Innehaltung dieser Bedingungen ist wichtiger als ein höherer Heizwert mit schwankendem Druck oder ein höherer aber ungleichmäßiger Heizwert. Ferner gehört dazu die möglichste Gleichmäßigkeit des spezifischen Gewichtes.

Der Heizwert wird im Gaswerk geregelt, für die Gleichmäßigkeit des Druckes aber ist die Anlage des Rohrnetzes von ausschlaggebender Bedeutung. Deshalb bedarf seine Anlage oder Erweiterung sorgfältigster Vorprüfung.

Durch die Reibung des Gases an den Rohrwänden sowie durch Krümmungen in den Rohrleitungen, werden Druckverluste bedingt. Diese Druckverluste sind möglichst niedrig zu halten, damit der Anfangsdruck auf dem Werk nicht zu hoch wird. Der Durchmesser der Rohre richtet sich nach dem zulässigen Druckverlust. Dieser ist wieder abhängig von der Menge des Gases, die in der Zeiteinheit durch die Rohre geleitet werden muß. Druckverlust und auch vornehmlich Druckverschiedenheiten werden durch Anwendung von Ringleitungen günstig beeinflußt. Die beste Lösung für die Anlage eines Rohrnetzes ist immer die nach dem System der Ringleitungen, doch lassen sich diese nicht in allen Fällen durchführen, es muß häufig das Verästelungssystem angewandt werden, bei welchem von einer oder mehreren Hauptleitungen die Nebenleitungen seitlich abzweigen. — Bei Anlage neuer Rohrstränge ist der Gasverbrauch unter Berücksichtigung der zu erwartenden Steigerung vorsichtig abzuschätzen. — Zweckmäßig wählt man den Rohrdurchmesser eher etwas größer als zu klein, da die aufgewendeten Mehrkosten gegenüber den Unannehmlichkeiten einer eventuell schon bald nötig werdenden neuen Verlegung nicht ins Gewicht fallen.

Der Gasverbrauch ist in Deutschland noch bedeutend steigerungsfähig, sowohl im Haushalt wie in Industrie und Gewerbe. In Großbritannien, Holland, Schweden und der Schweiz z. B. ist er auf den Kopf der mit Gas versorgten Bevölkerung umgerechnet erheblich höher als in Deutschland; in Großbritannien fast dreimal so hoch. Die nachstehenden Angaben für den Gasbedarf sind nur als Anhalt in Betracht zu ziehen; im übrigen ist die eigene örtliche Erfahrung die beste Unterlage. Schäfer gibt den stündlichen Gasbedarf für 100 m bebauter Straßenfront wie folgt an:

beste Geschäftsgegend	14 m³
gute Geschäftsgegend	12 m³
normale Geschäftsgegend	8—9 m³
gute Wohngegend	6—6½ m³
normale Wohngegend	4—5 m³

Unsere heutigen Gasapparate verlangen durchschnittlich einen Mindestdruck von 30 mm. Es darf also an keiner Stelle im Rohrnetz dieser Druck unterschritten werden, wenn die Apparate einwandfrei funktionieren sollen. Damit der Druck auf dem Werk und in den dem Werk naheliegenden Stadtteilen nicht zu hoch wird, ist bei der Anlage des Rohrnetzes auch besonders darauf Rücksicht zu nehmen, daß der Druckabfall vom Werk bis an die entferntesten Stellen ein nicht zu hoher ist. Nach Bertelsmann soll der Druckverlust 30 bis 40 mm nicht überschreiten, so daß ein Abgabedruck von 60 bis 80 mm auf dem Werk nicht überschritten wird. Vielfach wird das Gas heute auch unter höherem Druck in die Häuser geleitet, wobei dann Druckregler besonderer Ausführung in jede Zuleitung einzubauen sind.

Für den Entwurf eines Rohrnetzes trägt man in den Stadtplan die einzelnen zu verlegenden Rohrstränge ein, wobei man möglichst das System der Ringleitungen verfolgt. Die einzelnen Rohrstränge werden nach der folgenden Formel berechnet, und zwar ist der

$$\text{Rohrdurchmesser } D = \sqrt[5]{\frac{Q^2 \cdot s \cdot L}{\lambda^2 \cdot H}}$$

$$\text{die Gasmenge } Q = \lambda \sqrt{\frac{D^5 \cdot H}{L \cdot s}}$$

$$\text{die Länge } = L = \frac{\lambda^2 \cdot D^5 \cdot H}{s \cdot Q^2};$$

hierin bedeutet:

Q = die Gasmenge in m³ stündlich,
s = das spezifische Gewicht des Gases,
L = die Länge der Leitung in m,
H = den Druckverlust in mm Wassersäule,
λ = den Erfahrungskoeffizienten 0,6658.

Der Koeffizient λ fällt mit fallendem Rohrdurchmesser, jedoch kann man sich im allgemeinen des Koeffizienten $\lambda = 0,6658$ bedienen. Nach dieser Formel sind graphische Zahlentafeln aufgestellt, aus welchen sehr leicht die Rohrdimensionen entnommen werden können (Abb. 30, 31 u. 32). Beispiel: Es soll der Rohrdurchmesser gefunden werden für eine Leitung von 500 m Länge, welche bei einem Druckabfall von 3 mm 200 m³ Gas durchläßt. Der Druckverlust von 3 mm für 500 m Rohrlänge entspricht einem Druckverlust von 6 mm bei 1000 m Länge.

Abb. 31 ergibt einen Rohrdurchmesser von 250 mm. Zur Berechnung
solcher Hauptrohre, von welchen weitere Rohre abzweigen, bedient
man sich der Formel von Monnier, und zwar ist die durchfließende

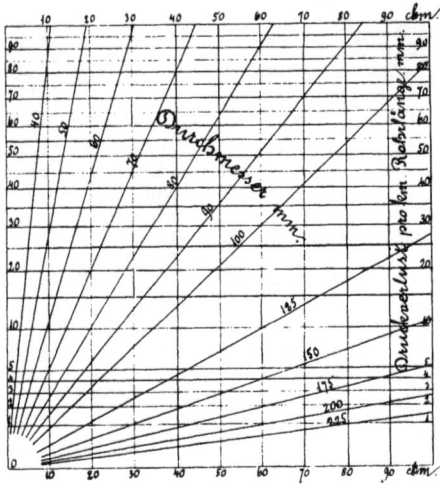

Abb. 30. Rohrdurchmesser nach Monnier.
0—100 cbm Gasdurchgang pro Stunde,

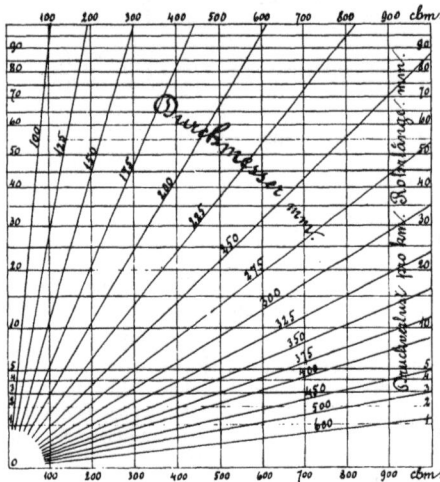

Abb. 31. Rohrdurchmesser nach Monnier.
0—1000 cbm Gasdurchgang pro Stunde.

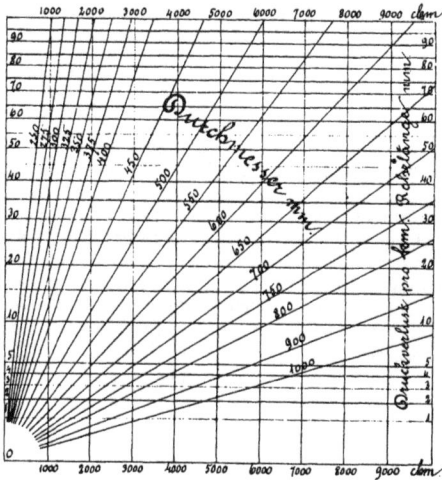

Abb. 32. Rohrdurchmesser nach Monnier 0—10 000 cbm
Gasdurchgang pro Stunde.

Menge durch diesen Hauptstrang $Q = Qa \cdot \sqrt{N}$, worin Qa das Abfluß-
quantum am Anfang der Rohrleitung ist, welche unterwegs durch n-
Abzweige die Gasmenge q abgibt. Die Werte für $\sqrt{N}$ hat Monnier für
verschiedene Werte des Verhältnisses von $\dfrac{q}{Qa}$ berechnet, die in folgender
Zahlentafel enthalten sind.

$\dfrac{q}{Qa}$	$\sqrt{N}$ bei einer Anzahl von Abzweigungen:								
	1	2	4	6	8	10	50	100	∞
0,01	0,995	0,995	0,995	0,995	0,995	0,995	0,995	0,995	0,995
0,05	0,975	0,975	0,975	0,975	0,975	0,975	0,975	0,975	0,975
0,10	0,951	0,951	0,951	0,951	0,951	0,951	0,950	0,950	0,950
0,20	0,906	0,904	0,903	0,903	0,903	0,902	0,902	0,902	0,902
0,30	0,863	0,859	0,857	0,856	0,856	0,855	0,855	0,855	0,854
0,40	0,825	0,816	0,812	0,811	0,810	0,810	0,809	0,808	0,808
0,50	0,791	0,777	0,772	0,768	0,767	0,767	0,764	0,764	0,764
0,60	0,762	0,742	0,731	0,728	0,726	0,725	0,722	0,722	0,721
0,70	0,738	0,710	0,696	0,691	0,688	0,687	0,682	0,681	0,681
0,80	0,721	0,683	0,663	0,657	0,653	0,651	0,645	0,644	0,643
0,90	0,711	0,661	0,635	0,627	0,622	0,619	0,610	0,609	0,608
1,00	0,707	0,646	0,612	0,601	0,595	0,592	0,580	0,579	0,577

Ein Beispiel möge die Berechnungsweise mehr erläutern: Gesetzt,
man wolle eine Leitung von 4000 m Länge legen, in welcher der Druck-

verlust 30 mm betragen dürfe. Die Ausflußmenge am Anfang Qa sei 500 m³, wovon unterwegs durch 10 Abzweige 100 m³ abgegeben würden. Dann ist der Druckverlust H für 1000 m = $30 \cdot \dfrac{1000}{4000}$ = 7,5 mm, $\dfrac{q}{Qa} = \dfrac{100}{500} = 0,20$, $n = 10$, $\sqrt{N}$ nach der Zahlentafel = 0,902, Q also = $500 \times 0,902 = 451$ m³. Das Diagramm mit den Rohrdimensionen ergibt dann für 451 m³ bei $H = 7,5$ den Rohrdurchmesser D zu 300 mm.

Wichtige Einwirkungen auf den Druck üben auch auftretende Höhenunterschiede aus. Mit steigendem Rohrstrang steigt der Druck des Gases, und zwar um so mehr, je geringer das spezifische Gewicht ist. Den Auftrieb des Gases für 1 m Höhenunterschied zeigen bei den verschiedenen spezifischen Gewichten die in der folgenden Zahlentafel unter Z aufgeführten Zahlen in mm, wobei das spezifische Gewicht mit s bezeichnet ist.

$s =$	0,35	0,36	0,37	0,38	0,39	0,40	0,41	0,42
$Z =$	0,84	0,828	0,815	0,802	0,789	0,776	0,763	0,75

$s =$	0,43	0,44	0,45	0,46	0,47	0,48	0,49	0,50
$Z =$	0,737	0,724	0,711	0,698	0,685	0,672	0,659	0,646

Es kommen Guß- und Stahlrohre zur Verwendung. Die Gußrohre haben sich in langen Zeiträumen bewährt, aber auch die Stahlrohre sind vollwertig verwendbar, seitdem sie durch eine gute Außenisolierung, bestehend aus Schutzanstrich und Umhüllung mit imprägnierter Wollfilzpappe gegen die korrodierenden Einflüsse des Bodens geschützt werden. Ohne eine gute Isolierung sollten Stahlrohre im Erdboden nicht verlegt werden. Beide Rohrarten sind auch im Innern mit einem Schutzüberzug versehen. Die Frage, ob Guß- oder Stahlrohr, ist heute dem propagandistischen Boden entrückt, die Entscheidung fällt der Fachmann nach zweckdienlichen Gründen. Gußrohre sind bei sicherem Baugrund günstig für verzweigte Leitungen und bei zahlreichen Anschlüssen; sie lassen sich leichter bearbeiten und leichter dem Versorgungsplan anpassen. Auch ist ihre große Widerstandsfähigkeit gegen aggressiven Boden erwiesen, doch ist dringend zu empfehlen, jedes Rohr vor dem Verlegen nochmals mit einem Schutzanstrich zu versehen und mindestens durch Abklopfen festzustellen, ob es unversehrt ist. Die Stahlrohre bieten eine größere Sicherheit gegen Bruchgefahr, sind daher günstiger für unsicheres und stark befahrenes Gelände, in Bergbaugebieten, bei Brückenüberführungen u. ä. Anlagen; sie haben ein geringeres Gewicht und werden in wesentlich größeren Baulängen, bis zu 16 m, angefertigt, was beides eine schnellere und mit geringeren Kosten verbundene Verlegung gestattet. Sie erfordern weit weniger Verbindungsstellen als Gußrohre, wodurch die Möglichkeit des Entstehens von Undichtigkeiten vermindert wird. Für Leitungen unter 80 mm Durchmesser sind nur Stahlrohre zu verwenden.

Die Verbindung der einzelnen Rohrlängen erfolgte bisher im allgemeinen sowohl bei Guß- wie bei Stahlrohren durch Muffenverbindung mittels Blei und Strick: durch die Stemmdichtung. Die Dichtung bewirkt hierbei der sorgfältigst eingepreßte Strick; der Bleiring bildet den

Abschluß nach außen zum Schutze des Dichtungsstricks. Um eine nachgiebigere Verbindung zwischen den einzelnen Rohrlängen zu erreichen, was besonders bei unruhigem Boden wichtig ist, sind Muffen besonderer Ausführung gebaut worden, die eine Längen- bzw. Seitenverschiebung bis zu einem gewissen Grade ermöglichen, ohne daß die Dichtung gefährdet wird. So wird die Schraubmuffenverbindung mit Gummidichtungsring, der bei Gas durch eine Bleieinfassung geschützt ist, in großem Ausmaß verwendet; sie bewährt sich vorzüglich.

Einige neue Muffenformen zeigen die Abb. 33 bis 37, und zwar:

Abb. 33 die Schraubmuffe Union mit Gummiringdichtung für gußeiserne Rohre. Sie ermöglicht Rohrbewegungen von 3° nach allen Seiten, das sind etwa 250 mm auf 5 m Länge, und eine Axialverschiebung von ± 35 mm für jede Rohrlänge bei entsprechender Muffentiefe.

Abb. 34 die Stahlrohr-Schraubmuffe,

Abb. 35 die nachgiebige Schalker-Muffe für Stemmdichtung mit besonders langem Führungshals,

Abb. 36 die Schalker-Muffe für Doppeldichtung mit $^3/_8''$ Gewindeloch für den Einbau eines Riechrohres, und

Abb. 37 eine Schweißrohrmuffe mit Sicherheitsrille zur Entlastung der Schweißnaht.

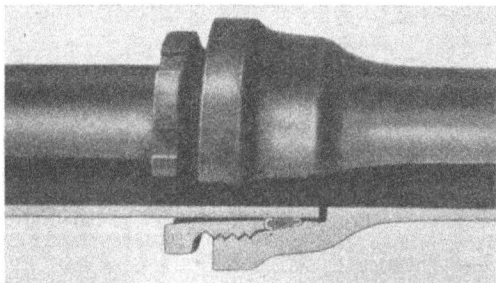

Abb. 33.

Abb. 34.

7*

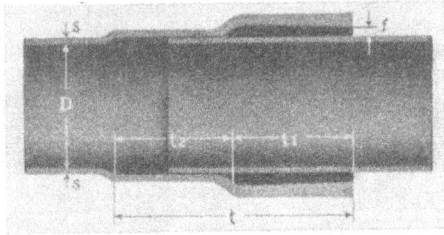

Abb. 35.

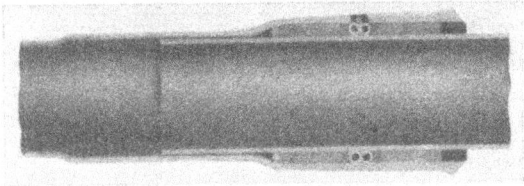

Abb. 36.

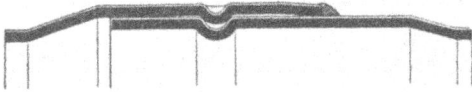

Abb. 37.

Bei Brückenleitungen sind außer elastischen Muffenverbindungen Ausdehnungsstücke einzubauen, wie auch bei anderen freiliegenden, starkem Temperaturwechsel ausgesetzten Leitungen; ferner sind sie mit Kälteschutz zu versehen.

Grundsätzlich unterscheiden wir also: Muffendichtung mit Blei und Strick, die Stemmdichtung, und Muffendichtung mit Gummiring; bei den Stahlrohren tritt noch die Schweißmuffe in ihren verschiedenen Formen hinzu. Die Verwendung von Flanschenverbindungen beschränkt sich im Rohrnetzbau auf besondere Fälle; Flanschenrohre werden fast nur für freiliegende Verbindungsleitungen, z. B. bei Apparatenanlagen verwendet, für Erdleitungen nicht; Flanschenverbindungen sind im allgemeinen wenig elastisch und passen sich auch nur schwierig Abweichungen von der Geraden an; die Verbindungsschrauben bedürfen besonderer Sicherung gegen Rosten.

Für Stahlrohre gelangt bei Hochdruckleitungen und vielfach auch bei Zubringerleitungen die Schweißmuffenverbindung zur Anwendung. Für die Ausführung der Schweißarbeiten bei Leitungen von mehr als 200 mm Durchmesser und mehr als 1 atü Betriebsdruck sind besondere Richtlinien aufgestellt worden, deren Befolgung durch Ministerialerlaß vom 21. 7. 1931 (Pr. Minister für Handel und Gewerbe) amtlich vorgeschrieben ist. Sie behandeln nicht nur den Werkstoff und die Herstellung der Rohre, die Ausführung und Prüfung der Schweißarbeiten, sondern auch die Anforderungen, die an Schweißer und aufsichtführenden Ingenieur zu stellen sind — Din 2470 —.

Wegen der Wichtigkeit einer einwandfreien Ausführung ist es vonnöten, alle einschlägigen Rohrschweißarbeiten nur durch ausgebildetes und erfahrenes Personal vornehmen zu lassen.

Sowohl die Guß- wie die Stahlrohre und die zugehörigen Verbindungsstücke sind nach vom Verein Deutscher Ingenieure und dem Deutschen Verein von Gas- und Wasserfachmännern erstmalig aufgestellten Abmessungen genormt.

Die Verlegung der Rohre im Erdboden muß so erfolgen, daß Einwirkungen von Frost und Bodenerschütterungen durch den Verkehr ausgeschaltet werden. Deshalb sollen die Rohre mindestens 1 m Erddeckung erhalten. Um die Abscheidungen aus dem Gase ableiten zu können, sind die Rohre mit Gefälle von 3 bis 5 mm je laufenden m zu verlegen. An den tiefsten Stellen sind Wassertöpfe einzubauen, die die Abscheidungen aufnehmen und daher zeitweise ausgepumpt werden müssen. Daß letzteres regelmäßig erfolgt, ist selbstverständlich, wenn Übertritt von Kondensaten in die Rohrleitung und damit mögliche Verstopfungen vermieden werden sollen. Die Rohre sollen in ihrer ganzen Länge ordentlich aufliegen bzw. gut unterstopft werden. Der Boden wird schichtenweise in 20 cm Stärke eingebracht, damit er gründlich festgestampft werden kann. Steine sind dabei vom Rohre fernzuhalten, wie auch keinesfalls die Isolierung, Schutzanstrich oder Umhüllung, verletzt werden darf. Vor dem Einfüllen des Bodens sind alle Verbindungen sorgfältig zu verkleiden und zu isolieren. Für das Feststampfen des Bodens bis etwa 30 cm oberhalb des Rohres sind hölzerne Stampfer zu verwenden; für das seitliche Feststampfen neben dem Rohre hölzerne Flachstampfer. Der Boden ist vielfach verschieden; die Rohre bedürfen daher an einer Stelle mehr oder weniger Schutz gegen seine aggressiven Einwirkungen als an einer anderen. Die Kenntnis der Bodenverhältnisse ist daher für die Rohrverlegung wichtig. Bei schlechtem Boden, wie z. B. Moorboden, Tonboden mit schwankendem Grundwasserstand, bei Asche und Schlackeneinlagerungen usw. ist die Leitung mit Sand oder Kies in mindestens 20 cm Stärke allseitig zu umgeben. Aber das ist nur ein Hilfsmittel mit beschränkter Auswirkung. Unbedingt gehört dazu eine einwandfreie Isolierung.

Um die Leitung auf ihre Dichtigkeit leichter überprüfen zu können, werden vielfach Riechrohre in bestimmten Abständen in der Leitungsrichtung eingebaut. Diese Riechrohre haben aber nur dann einen Zweck, wenn sie so angelegt sind, daß ausströmendes Gas auch den Weg zu ihnen findet; sonst sind sie gefährlicher als nützlich. Riechrohr und Leitungsrohre müssen unten durch eine durchlässige Sandschicht in Verbindung stehen; ist der Boden undurchlässig, muß eine solche Verbindung hergestellt werden. Bei der jetzt immer mehr zur Anwendung kommenden Asphaltierung der Straßen ist der Frage der Lüftung des Untergrundes für die Gasrohrverlegung erhöhte Aufmerksamkeit zu widmen. Die Anordnung von Lüftungsstreifen neben dem Bürgersteig, aber außerhalb der Asphaltdecke, dürfte mit die beste Lösung sein. Die

mit Kleinpflaster abgedeckte Stelle bedarf aber ebenso wie das Riechrohr eines durchlässigen Verbindungsweges mit der Rohrleitung. Sehr
gute Dienste leisten zur Feststellung von Undichtheiten die Absaug-
geräte, die viel mehr regelrecht benutzt werden sollten. In DIN 2470
ist ein Beispiel für den Einbau von Riechrohren bildlich wiedergegeben.

Zur leichteren Kontrolle der Druckverhältnisse im Rohrnetz und
weiter, um Verdampferapparate schnell in den verschiedenen Versor-
gungsgebieten anschließen zu können, empfiehlt es sich, besondere An-

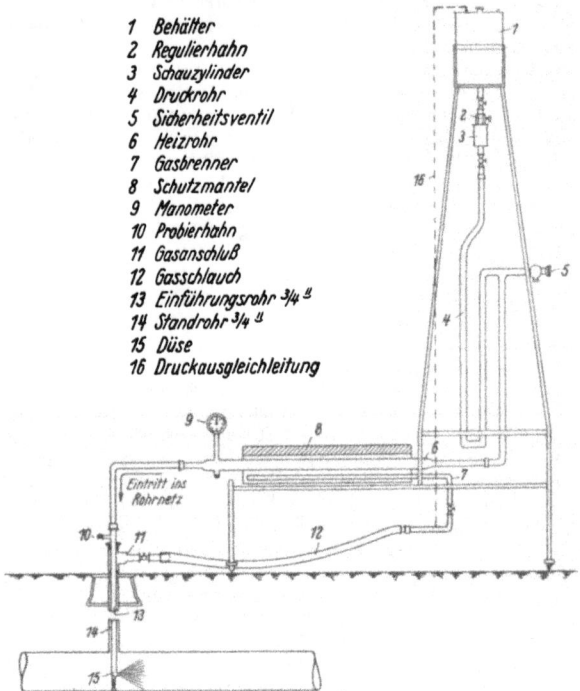

1 Behälter
2 Regulierhahn
3 Schauzylinder
4 Druckrohr
5 Sicherheitsventil
6 Heizrohr
7 Gasbrenner
8 Schutzmantel
9 Manometer
10 Probierhahn
11 Gasanschluß
12 Gasschlauch
13 Einführungsrohr ¾ ″
14 Standrohr ¾ ″
15 Düse
16 Druckausgleichleitung

Abb. 38.

schlüsse einzurichten, wofür die Laternenzuleitungen gut verwendbar
erscheinen. Im Kandelaber, etwa in Mannshöhe, lassen sich diese An-
schlußvorrichtungen für den Druckmesser gut vorsehen.

Um von Zeit zu Zeit eine distriktsweise Reinigung des Gasrohr-
netzes von Naphthalin-Teeransätzen vorzunehmen sowie um örtlich
auftretende Naphthalinverstopfungen im Rohrnetz möglichst schnell
und gründlich zu beheben, sind transportable Verdampfer für Xylol
bzw. Tetralin zu empfehlen. Einen solchen stellt Abb. 38 dar,
wie er vom Gaswerk Jena verwendet wird und bereits im Journal

für Gasbeleuchtung und Wasserversorgung 1910, S. 704, ähnlich beschrieben wurde. Der Apparat mit seinem Gestell ist auseinandernehmbar und leicht zu transportieren; er ist schnell in Betrieb zu setzen und einfach zu bedienen. Der Verdampfer besteht aus dem zur Aufnahme der Flüssigkeit dienenden festgeschlossenen Behälter *1*. Auf dem Oberteil des Behälters ist eine verschließbare Einfüllöffnung sowie ein Lüftungshahn angebracht. In der Mitte des Behälterbodens befindet sich der Ablauf mit dem Absperrhahn und anschließend ein Nadelventil *2*, wodurch die zu verdampfende Flüssigkeitsmenge genau einzustellen ist. Um die das Nadelventil durchtropfende Flüssigkeitsmenge entsprechend einstellen und gut beobachten zu können, ist ein Schauglas *3* eingebaut. Das U-förmige Druckrohr *4* verhindert das Zurücktreten der verdampfenden Flüssigkeit. Um Überdruck zu vermeiden, ist ein Sicherheitsventil *5* angebracht. Das Heizrohr *6*, in welchem die Flüssigkeit zum Verdampfen gebracht wird, wird durch einen Gaslängsbrenner *7* erhitzt. Heizrohr und Gasbrenner werden von einem Doppelmantel mit Schlackenwollefüllung umgeben.

Den Überdruck im Heizrohr zeigt ein Manometer *9* an. Die Dämpfe ziehen durch das rechtwinklig gebogene Rohr, das anschließende Einführungsrohr *13* und durch die Einspritzdüse *15* in das Gasrohr. Sie treten mit erheblicher Spannung und in guter Aufteilung in den Gasstrom. Die Zubringerleitung wird vom Manometer bis zum Gasanschluß mit Asbestschnur isoliert.

Durch das Standrohr *14* mit 40 mm Durchmesser wird das Einführungsrohr, das der Tiefenlage des Hauptrohres entsprechen muß, eingesetzt. Am oberen Ende des Standrohres wird durch ein T-Stück, das gegen das 20-mm-Einführungsrohr durch einen Stopfbuchsenring abgedichtet ist, der Gasanschluß für den Längsbrenner abgeleitet. Die Spritzdüse *15* kann mit oder gegen den Gasstrom gestellt werden. Zur Beheizung ist auch Flaschengas verwendbar. Rohr *16* dient zum Druckausgleich.

Besonders ist auch auf den Schutz des Rohrnetzes und der Hauszuleitungen gegen aggressive Abwässer aus Sickergruben zu achten. Diese Abwässer haben schon manche Rohrkorrosion verschuldet. Es kann also der Boden an sich unbedenklich sein, aber durch den Zufluß dieser Abwässer gefährlich für die Rohrleitung werden.

Wichtig ist ferner der Einbau von Richtungskappen, die die Rohrlage schon äußerlich anzeigen, besonders bei Kreuzungen und Abzweigungen.

Rohrschächte für Regler, Verteilungsorgane usw. müssen gute Be- und Entlüftung erhalten, aber nicht einfach durch gelochte Deckel, durch die Tageswasser, Staub und Schmutz eindringen können, und die auch nicht die erforderliche Wirkung haben, sondern durch regelrecht angeordnete Be- und Entlüftungseinrichtungen. Dies mag manchmal mit besonderen Schwierigkeiten verbunden sein, aber in vielen Fällen ist es doch öfter möglich als wie man es heute vielfach findet.

Für die Einzelabsperrung des Rohrnetzes werden Schieber und Wassertöpfe mit Scheidewänden eingebaut. Es wird aber noch einer grundsätzlichen Neueinrichtung bedürfen, um eine schnellere und bessere Beeinflussung bzw. Abstellung von Versorgungssträngen oder Distrikten zu gewährleisten.

Bevor eine Leitung in Gebrauch genommen wird, ist sie auf Dichtigkeit zu prüfen; als Mittel hierzu dient Kohlensäure, Stickstoff oder Luft. Zunächst erfolgt die Prüfung der einzelnen bzw. unterteilten Rohrstrecken, und zwar mit einem Druck von 1 atü bei offenliegender Leitung. Sämtliche Verbindungsstellen sind abzuseifen und gefundene Undichtigkeiten sofort zu beheben. Sind die einzelnen Strecken dicht, dann werden sie verbunden, die Verbindungsstellen gründlich verkleidet und isoliert, der Graben verfüllt, und die Gesamtleitung einer zweiten Dichtigkeitsprüfung mit 500 mm WS unterworfen. Vor jeder Messung ist eine Zeitlang zu warten, bis Temperaturausgleich der eingepumpten Luft mit dem Rohrstrang eingetreten ist, evtl. ist nachzupumpen; hierauf erfolgt die Messung. Es soll der Verlust in Litern nicht mehr als 0,5 mal Rohrdurchmesser in cm je km Leitungslänge und Stunde betragen, bei einer 200-mm-Leitung also:

$$0,5 \times 20 = 10 \, \text{l} \text{ je km und Stunde.}$$

Der Verlust bei der Gasabgabe ist die Differenz zwischen der auf dem Gaswerk als erzeugt festgestellten Gasmenge und der Summe der Ablesungen bei den Verbrauchern zuzüglich Straßenbeleuchtung und Selbstverbrauch. Er setzt sich zusammen:

1. aus dem wirklichen Verlust,
2. aus Meßfehlern,
3. aus Volumenänderungen infolge Druck- und Temperaturunterschieden.

Der wirkliche Verlust umfaßt die durch Undichtheiten im Rohrnetz, durch Rohrbrüche, Rohrnetz- und Anschlußarbeiten entstehenden Fehlmengen;

der aus Meßfehlern, die durch die Fehlergrenze bei Gasmessern, $\pm 2\%$ Eichfehlergrenze, ± 4 Gebrauchsfehlergrenze bedingten sowie die durch schadhafte Messer und bei nassen Messern durch zu geringen Wasserstand entstehenden;

ferner kommen hinzu die durch Nichtanzeigen kleiner Gasmengen und durch unrichtige Berechnung des Gasverbrauchs der öffentlichen Beleuchtung sich ergebenden.

Die Druck- und Temperaturunterschiede zwischen Stationsgasmesser im Werk und Rohrnetz sowie Hausgasmesser verursachen Verluste, die hinsichtlich der durch Druckdifferenz entstehenden meistens nicht erheblich sind, wohl aber die durch Temperaturabnahme und durch Verdichtung und Ausfällen von Dämpfen, besonders Wasserdampf, auftretenden.

Wenn z. B. das Gas am Stationsmesser eine Temperatur von 19⁰ hat, der Hausgasmesser aber in einem Raum von 12⁰ steht, so beträgt die Temperaturdifferenz 7⁰; für jeden Grad vermindert sich das Gasvolumen um

$$0,003665 = \frac{1}{273}, \text{ das sind } 0,366 = 0,37 \text{ Vol.-\%; für } 7^0 \text{ also}$$

$$7 \times 0,37 = 2,59 \text{ Vol.-\%.}$$

Ebenfalls sind die durch die Kondensation des Wasserdampfes bei Temperaturabfall auftretenden Volumenverluste beachtlich, wenn sie auch nicht so erheblich sind wie die vorher errechneten. So beträgt die hierdurch entstehende Volumenminderung bei vorstehend genannter Temperaturdifferenz von 7° etwa $7 \times 0,07 = 0,49\%$. Insgesamt also können die durch Druck- und Temperaturunterschiede verursachten Verluste recht erheblich sein.

Die Instandhaltung des Rohrnetzes, die regelrechte Überwachung der Gasmesser, insonderheit auch durch Hauskontrolle mittels besonderer Meßapparate (von Julius Pintsch, Kromschroeder, Elster u. a.), und die Dichthaltung des Gasbehälters sind unbedingt zur Verringerung der Verlusthöhe erforderlich. Der Gesamtverlust soll maximal 10% nicht überschreiten.

Besondere Vorsicht ist anzuwenden, wenn ein fertiggestelltes Rohrnetz mit Gas gefüllt werden soll, da sich durch die im Rohr befindliche Luft leicht ein explosives Gemisch bilden kann. Eine völlige Sicherheit gegen Bildung von explosiven Gemischen wird dadurch erreicht, daß man zunächst die Luft aus dem Rohr durch indifferentes Gas, z. B. Rauchgas, verdrängt und dieses nachher wieder durch Steinkohlengas austreibt. Bläst man die Luft mit Gas aus, so ist sehr vorsichtig zu verfahren und häufiger durch Vornahme von Analysen festzustellen, ob das Rohr mit reinem Gas gefüllt ist; jedes Feuer ist der Stelle, an welcher ausgeblasen wird, genügend weit entfernt zu halten.

Auf Vorschlag Buntes wurde das neue Rohrnetz der städtischen Gasanstalten Wiens mit Rauchgas ausgeblasen.

Im Winter ist besondere Aufmerksamkeit auf das Zufrieren zu verwenden und durch Zusetzen von Spiritus- bzw. Spiritusdämpfen der Gefahr entgegenzuwirken.

Durch Aufstellung von Druckschreibern an möglichst zahlreichen geeigneten Stellen des Rohrnetzes sind von Zeit zu Zeit die Druckverhältnisse zu kontrollieren, um etwaige Mißstände abzustellen, bevor schlechtes Funktionieren der Apparate berechtigten Anlaß zu Klagen gibt. Die Überwachung der Druckverhältnisse im Rohrnetz gehört zu den wichtigsten Obliegenheiten eines Gaswerksbetriebes.

Für Hochdruck- und Ferngasleitungen gelten noch besondere Verlegungs- und Bauvorschriften, auf die nur verwiesen werden kann. Vorstehende, sich vorwiegend auf ein Niederdrucknetz beziehende Ausführungen sind nicht erschöpfend, nur ein Auszug; sie lassen aber erkennen, wie außerordentlich wichtig und vielseitig die richtige Anordnung, Verlegung und Überwachung eines Rohrnetzes ist, und daß nicht nur genaue Kenntnis der fachlichen Bedingungen für die Ausführung unumgänglich ist, sondern daß damit auch nur genügend geschulte und ausgebildete Facharbeiter beauftragt werden sollten.

Der Deutsche Verein von Gas- und Wasserfachmännern hat in Gemeinschaft mit anderen technischen Vereinigungen sowie dem Deutschen Städtetag und dem Reichspostzentralamt: „Richtlinien für die Einordnung und Behandlung der Gas-, Wasser-, Kabel- und sonstigen Leitungen sowie der Gleis- und Tankanlagen bei der Planung öffentlicher Straßen" aufgestellt und 1930 im GWF, S. 454, veröffentlicht; diese Richtlinien wurden nach Klärung einiger Unstimmigkeiten in das Deutsche Normen-Sammelwerk — Din 1998 — aufgenommen (GWF 1931, S. 1024). Sie umfassen: 1. die Einordnung der Leitungen in den Straßenkörper, 2. die Behandlung der Leitungen und Gleisanlagen in den Straßen, 3. das Verwaltungsverfahren bei Neuanlagen oder Veränderungen, 4. die Befugnis zur Ausführung von Arbeiten auf öffentlichem Grunde und 5. das Verfahren vor der Planfestsetzung von Bebauungsplänen. Zweck der Richtlinien war zunächst, bei der Planung der Straßen dem Städtebauer Unterlagen hinsichtlich der Anordnung der zu verlegenden Leitungen und Gleisanlagen zu geben, und ferner, eine reibungslose Zusammenarbeit der beteiligten Bau- und Betriebsverwaltungen herbeizuführen. Als oberster Grundsatz soll gelten, daß alle in den Straßen verlegten Leitungen und Gleisanlagen nicht nur geduldet werden, sondern ein gleichberechtigtes Glied des neuzeitlichen Straßenbaues bilden und daher den gleichen Schutz wie die Einrichtungen der Straßenbauverwaltung — Kanäle, Sinkkasten, Kanalanschlüsse, Baumpflanzungen usw. — genießen.

Es ist daher, unbeschadet der bestehenden Gesetze, von jeder der beteiligten Verwaltungen streng darauf zu achten, daß bei Arbeiten ihres Bereichs die Anlagen der anderen nicht gestört oder beschädigt werden.

Zur Vornahme von Arbeiten auf öffentlichem Grunde ist erst das Einverständnis der Bauverwaltung einzuholen, und die andern interessierten Verwaltungen sind rechtzeitig in Kenntnis zu setzen, damit diese eine Überprüfung ihrer Pläne oder Arbeiten ohne Überstürzung vornehmen können. Es wird empfohlen, alljährlich gemeinsam die geplanten Neubauten zu besprechen und zeitlich festzulegen. Der Grundsatz, daß es des vorherigen Einverständnisses der Straßenbauverwaltung bedarf, kann nur im Falle der Gefahr durchbrochen werden, die Bauverwaltung ist in solchen Fällen aber zunächst telephonisch und baldtunlichst schriftlich zu verständigen. Der Deutsche Normenausschuß teilt mit, daß die Richtlinien z. Z. überarbeitet werden, wobei sich wesentliche Änderungen ergeben haben. Das neubearbeitete Normenblatt ist von der Vertriebsstelle, Beuth-Vertrieb G. m. b. H., Berlin SW 68 zu beziehen.

Im Anschluß hieran bedarf es noch eines Hinweises auf die Einführung neuer deutscher Werkstoffe.

Die Gas- und Wasserwerke sind die größten Verbraucher der deutschen Guß- und Stahlrohrerzeugung. Etwa 60000 bis 70000 km Rohre sind in unseren Straßen verlegt. Daher sind Einsparungen auf diesem Gebiete, etwa durch Änderungen der Herstellungsverfahren, der Konstruktion oder durch Verwendung heimischer Stoffe von großer Bedeutung für unsere Rohstoffbasis. Bei den gußeisernen Rohren konnte bereits eine Qualitätssteigerung von etwa 30% erreicht werden, was eine erhebliche Materialersparnis zur Folge hatte dadurch, daß die Stärke der Rohrwandungen verringert werden konnte. Ähnlich bezwecken Änderungen in der Herstellung der Stahlrohre eine Verringerung der Wandstärken ohne Beeinträchtigung der Haltbarkeit. Die schon wiederholt hervorgehobene Notwendigkeit, die Rohre durch gute Isolierung gegen die Korrosionswirkungen des Bodens zu schützen, tritt in ihrer Bedeutung hier wiederum hervor.

Gußblei und Bleiwolle konnten durch weichgeglühte Aluminiumwolle und durch mit Bitumen getränkten Eisenschwamm gleichwertig ersetzt werden, wie man auch anstrebt und schon erreicht hat, Rohre aus gänzlich neuen Werkstoffen herzustellen. Es handelt sich bei alledem nicht um vorübergehende Maßnahmen, sondern um die Einführung dauernder Neuformen. Es bedarf dabei der eingehenden Mitarbeit des Gasfachmannes, der andererseits keine Erzeugnisse verwenden wird, die nicht von maßgebenden Stellen erprobt bzw. anerkannt worden sind.

B. Hauszu- und Innenleitungen, Aufstellung, Anschluß und Einstellung der Gasgeräte und Gasfeuerstätten.

Die einzelnen Häuser werden mit dem Gasrohrnetz durch Zuleitungen verbunden. Die verschiedenen von den einzelnen Werken aufgestellten Vorschriften für die Versorgung der Gebäude mit Niederdruckgas wiesen untereinander erhebliche Abweichungen auf. Deshalb hat der DVGW einheitliche Vorschriften erlassen, die bindend im ganzen Reich für Gaswerke und Installateure sind, und bei gerichtlichen Austragungen für Sachverständige und Richter die Grundlage bilden. Es sind technische Vorschriften und Richtlinien; Verwaltungsvorschriften und Verwaltungsmaßnahmen sind der Regelung durch das einzelne Gaswerk mit den zugelassenen Installateuren überlassen. Die Vorschriften sind jetzt wieder neu erschienen (1938); sie tragen die Bezeichnung:

Technische Vorschriften und Richtlinien für die Einrichtung von Niederdruckgasanlagen in Gebäuden und Grundstücken

DVGW—TVR 1938

und sind von der Geschäftsstelle des Deutschen Vereins von Gas- und Wasserfachmännern e. V., Berlin W 30, Geisbergstraße 5—6, zu beziehen. Sie behandeln:

1. die Leitungsanlagen,
2. Anschluß, Aufstellung und Einstellung häuslicher Gasgeräte und -feuerstätten,
3. Abgasführung häuslicher Gasfeuerstätten und
4. einwandfreier Zustand der Gaseinrichtungen.

(Äußerliche Anforderung, Dichtheit, richtige Einstellung der Geräte und Feuerstätten, Abgasanlagen.)

Dem jeweiligen Stand der Technik entsprechend werden sie von Zeit zu Zeit überarbeitet.

In gleicher Weise sind vom DVGW „Vorschriften für die Aufstellung von Gasverdichteranlagen für gewerbliche und industrielle Gasfeuerstätten" und „Richtlinien für die Ausführung von Gaszu- und Innenleitungen für erhöhten Druck nebst Zubehör" und „Häusliche Gas-Feuerstätten und Geräte für Niederdruckgas" sowie andere herausgegeben worden.

Diese Vorschriften und Richtlinien gehören zum Rüstzeug eines jeden praktischen Gasfachmannes; sie können ihres Umfanges wegen hier nicht näher behandelt werden, es muß auf den Bezug verwiesen werden.

In den einzelnen Landesteilen sind noch besondere behördliche Vorschriften erlassen worden, die die Bedingungen regeln, unter denen Gasfeuerstätten an Schornsteine angeschlossen werden können, in die bereits andere Feuerstätten einmünden. Wichtig ist hierbei die Zusammenarbeit des Gaswerks mit dem Bezirksschornsteinfeger-meister, die unbedingt in gegenseitigem Vertrauensverhältnis durchgeführt werden muß. Die gute Schulung und große Erfahrung der Bezirksschornsteinfegermeister, die auch durchweg zur sachlichen Mitarbeit bereit sind, sind für die Arbeit des Gaswerks auf dem Gebiete der Gasfeuerstätten von besonderem Wert.

Weiter ist die Zusammenarbeit von Gaswerk und den Privat-installateuren von besonderer Wichtigkeit. Wie das Gaswerk in den Privatinstallateuren seine Mitarbeiter sehen soll, müssen die Installa-teure ihrerseits die notwendigen fachlichen Bedingungen, die das Gas-fach an ihre Arbeit stellt, als Berufsverpflichtung auffassen und erfüllen. Auf dieser Auffassung hat sich schon vielerorts ein vorbild-liches und nützliches Vertrauens- und Arbeitsverhältnis entwickelt. Bei der stark gestiegenen Anforderung an das fachliche Wissen und Können ist es Verpflichtung, nur wirklich tüchtige, gut ausgebildete und erfahrene Installateure für die Ausführung von Gaseinrichtungen zu konzessionieren.

Der Deutsche Verein von Gas- und Wasserfachmännern hat im Einvernehmen mit dem Reichsverband im Installateur- und Klempner-gewerbe e. V. Richtlinien für die Zulassung von Installateuren zur Her-stellung von Gaseinrichtungen aufgestellt, die eine fachlich gute Ver-tretung sicherstellen.

Die Erteilung der Konzession geschieht durch das Gaswerk, aber sie sollte nur in Zusammenarbeit mit der Berufsvertretung der konzes-sionierten Installateure erfolgen.

Jede neue Gasanlage oder Erweiterung einer bestehenden, wozu auch der Anschluß eines neuen, größeren Gerätes gehört, ist dem Gas-werk vor Ausführung anzumelden; über Führung und Stärke der Lei-tungsanlage, der Steige- und Verteilungsleitungen, mit Angabe über Art, Anschlußwert und Aufstellungsort der Gasgeräte, ist Zeichnung beizufügen. Jede Gasfeuerstätte, d. h. also jedes Gasgerät, bei dem die bei der Inbetriebsetzung entstehenden Abgase aus dem Raum ins Freie abgeführt werden müssen, bedarf zu seiner Aufstellung durchweg besonderer behördlicher bzw. baupolizeilicher Genehmigung. Zweck-mäßig wird diese Genehmigung über das Gaswerk eingeholt. Der Installateur meldet die Anlage beim Gaswerk an — Anmeldung in doppelter Ausfertigung —, wofür sich das in Abb. 39 wiedergegebene vorgedruckte Formular bewährt hat. Das Gaswerk prüft die Angaben und schickt beide Formulare mit seiner Stellungnahme der Baupolizei zu; gleichzeitig aber erhält auch der zuständige Bezirksschornstein-fegermeister vom Gaswerk eine entsprechende Meldung nach Abb. 40. Die Baupolizei schickt nach Prüfung eine Ausfertigung wieder an das

.... ben .... 193....

Lfd. Nummer .... Eingang am ....

Antrag auf Genehmigung von Gasanlagen und Feuerstätten

An die Städtischen Gas- und Wasserwerke, ____

....

Name und Stand: ....

Straße
Platz .... Hausnummer................

Art des Apparates					
Leistung des Apparates[1])					
Stockwerk					

	Querschnitt	Material	Zugverhältnisse
Vorhand. ordnungsgem. Schornstein			
Besonders angelegter Schornstein			

Länge des Abgasrohres[2]) .... m

Durchmesser des Abgasrohres m

Größe des Raumes:

Länge .... Breite ....
Höhe .... cbm ....

Welche Kohlenfeuerstätten münden noch ein und wo?

Ist ein Schornstein für die Gasfeuerstätten freizumachen?   Ja.   Nein.

Ist der Raum, in welchem der Gasapparat aufgestellt wird, genügend be- und entlüftet?   Ja.   Nein

Raum für Skizze und Erläuterungen: Rohrstärken, Gasmesser, Absperrorgane, Apparate, Schornsteinanschlüsse.

....
Unterschrift

1) Leistung ist die vom Gerät (Heizofen, Warmwasserbereiter) in der Zeiteinheit abzugebende Wärmemenge (unterer Heizwert).
2) Abgasrohr ist die Verbindungsleitung vom Gerät zum Schornstein.

Abb. 39.

Listen-Nr.......   ...., den ....

Herrn Bezirksschornstein-
    fegermeister ....   in ....

Betr. Anmeldung von Gasfeuerstätten.

    Im Hause — Neubau — ....

.... Nr. .... soll durch Installateur

....

                                                     im Stockwerk

    Stück Gasstromautomat . . . .
        ,,   Gasbadeofen . . . .
        ,,   Gas-Warmwasserbereiter . . . .
        ,,   Gasofen für Zimmerheizung. . . . .
        ,,   Gas-Industrieofen . . . .
        ,, ...
        ,, ...,.......... . . . .

zur Aufstellung gelangen und die Abgase in einen — bestehenden —
neuen — Schornstein eingeführt werden, der

    besonders für die Abgasführung dieser Apparate erstellt wird

    — im gleichen Stockwerk keine Einführung einer weiteren Feuer-
    stätte enthält —

    Wie halten eine Besichtigung für erforderlich.

    Falls Besichtigung erwünscht, wird um Mitteilung gebeten,
andernfalls Ihr Einverständnis zur Ausführung der Anlage — nach
Ablauf von zwei Tagen — als gegeben betrachtet. Baupolizei ist Mit-
teilung zugegangen.

Vermerk:

    1. Genehmigung ist — durch Einverständnis-Besichtigung — erteilt.

    2. Techn. Büro zur Kenntnis und Erledigung der Ausführung.

    3. Mit Bericht wieder vorlegen.   ...., den ....

Abb. 40.

Bericht über die Prüfung.

— Gemäß den gesetzlichen sowie den fachlichen Bestimmungen des
Deutschen Vereins von Gas- und Wasserfachmännern —

Straße und Wohnung: ....

Inhaber: ....

Hersteller der Leitung: ....

Anzuschließende bzw. angeschlossene Apparate:

   ....

Schornsteine, Abzugsverhältnisse und Belüftung:

Beurteilung und Beanstandungen:
   ....

Geprüft durch: .... am: ....   Jena, den............

                              Der Gaswerksbeauftragte:

Erl., abl. zu den
Akten Gasfeuerstätten 18/I.

   ...., den ....

Abb. 41.

Gaswerk mit ihrer Stellungnahme bzw. Genehmigung zurück, das seinerseits den Installateur in Kenntnis setzt. Durch diesen Behandlungsgang wird sowohl die Stellung des Gaswerks gewahrt wie auch den behördlichen Vorschriften entsprochen.

Bei der Wichtigkeit des Nachweises einer sachgemäßen Prüfung der Anlage empfiehlt es sich ferner, über jede ein besonderes Prüfungsprotokoll etwa nach Abb. 41 zu den Akten zu nehmen. Dieses Protokoll kann auf der Rückseite der Kopie des dem Schornsteinfegermeister zugesandten Formulares verzeichnet werden.

Die in Betracht kommenden brennbaren Bestandteile des Gases ergeben bei vollkommener Verbrennung Kohlensäure und Wasserdampf. Damit diese vollkommene Verbrennung eintreten kann, muß dem Gas eine bestimmte Mindestluftmenge zugeführt werden. Diese bestimmte Mindestluftmenge bezeichnet man als „Theoretische Luftmenge". Ist diese nicht vorhanden, herrscht also Luftmangel, beginnen die Flammen zu schwellen, sie ringen nach Luft, es entwickelt sich Kohlenoxyd, Ruß setzt sich ab, übler Geruch tritt auf, die Heizwirkung geht erheblich zurück. Leuchtende Flammen ziehen sich in die Länge, werden dunkelrot und flackern unruhig hin und her; entleuchtete Flammen verlieren den charakteristischen, scharf umgrenzten blaugrünen Innenkegel, die Straffheit des Flammenbildes verliert sich, die Flammen werden länger und bekommen gelbe Spitzen. Bei Rostbrennern verschlingen sich die Spitzen der unruhig hin- und herschwankenden Einzelflammen und bilden einen unstet wogenden zusammenhängenden Schleier. Der neben dem Kohlenoxyd entstehende Ruß setzt sich in den Heizkörpern ab und führt zu Verstopfungen, z. B. bei Lamellenheizkörpern. Dadurch wird den Verbrennungsgasen der Abzug versperrt, sie können rückwärts in den Raum eintreten und bedenkliche Folgen zeitigen. Es ist somit nicht nur das schlechte Arbeiten des Apparates, das bei unvollkommener Verbrennung in Erscheinung tritt, sondern auch noch die nachteilige Beeinflussung der ihn umgebenden Raumluft.

Das Flammenbild läßt die richtige oder falsche Einstellung der Brenner erkennen und ob die Verbrennung gut oder schlecht ist.

Die Zuführung nur der Mindestluftmenge, der „theoretischen Luftmenge" genügt aber in der Praxis meistens nicht. Die erforderliche vollständige Mischung von Gas und Luft tritt im allgemeinen nicht ein, so daß eine gewisse Menge Überschußluft vorhanden sein muß. Das Verhältnis von zugeführter Luftmenge zur theoretisch erforderlichen bezeichnet man als die Luftüberschußzahl $= \dfrac{\text{wirkliche Luftmenge}}{\text{theoretische Luftmenge}} =$

$\dfrac{L}{L \min}$. Der reziproke Wert hiervon, also $\dfrac{L \min}{L}$, heißt Luftfaktor.
Für gasförmige Brennstoffe genügt durchschnittlich eine Luftüberschußzahl von 1,2 bis 1,3. Ein größerer Luftüberschuß schadet zwar dem Verbrennungsvorgang an sich nicht, sofern er unter normalen Verhältnissen vor sich geht, aber durch das gleichzeitige Miterwärmen der überschüssigen Luftmenge wird die entstehende Verbrennungswärme unnötig aufgezehrt und dementsprechend schlecht ausgenutzt.

Es ist also wichtig, die Luftzufuhr richtig einzustellen, keinesfalls unter der Mindestmenge zu bleiben, aber auch keine unnötige Überschußmenge zuzuführen.

Es wurde vorhin erwähnt, daß sich die Lamellenheizkörper z. B. bei Warmwassergeräten durch Rußablagerung bei unvollkommener Verbrennung zusetzen können. Das kann auch bei vollkommener Verbrennung eintreten, z. B. durch mitgerissene Staubteilchen in der Verbrennungsluft, die Verbrennung wird dann ebenfalls eine unvollkommene; der Abzug für die Verbrennungsgase genügt nicht mehr, sie drücken auf die zutretende Luft, ihr den Weg zum Brenner erschwerend und versperrend. Es tritt also hier der umgekehrte Fall ein: die unvollkommene Verbrennung ist sekundär bedingt, sie ist die Folge mangelhaften Abzugs, und nicht ursächlich durch ungenügende Luftzufuhr verschuldet, wie bei der primären unvollkommenen Verbrennung. Vermutlich ist diese sekundäre unvollkommene Verbrennung weit öfter die Ursache des schlechten Arbeitens von Gasgeräten als nur die primäre unvollkommene Verbrennung. Aber beide verlangen, daß die Warmwasserbereiter und Gasheizöfen wenigstens einmal im Jahre durch einen wohlausgebildeten Installateur nachgesehen und verbrennungstechnisch in Ordnung gebracht werden. Die von dem Gaswerk hierfür aufgewendeten Kosten bringen reichlichen Ausgleich.

Die richtige Wahl der Gasrohrweiten ist von ausschlaggebendem Einfluß für die richtige Einstellung und gute Arbeitsweise der Gasgeräte. Zu enge Rohrleitungen sind der Feind der Gasversorgung. Um die immerhin zeitraubende Berechnung der Rohrweiten für die Praxis zu vermeiden bzw. einzuschränken, sind Zahlentafeln aufgestellt worden, aus denen die für eine bestimmte Leistung erforderlichen Rohrstärken entnommen werden können. Die vom Deutschen Verein von Gas- und Wasserfachmännern herausgegebenen und vorstehend bereits erwähnten Vorschriften und Richtlinien für die Einrichtung von Niederdruckgasanlagen in Gebäuden und Grundstücken 1938 enthalten solche Zahlentafeln, ebenso die Druckschriften führender Firmen. Die vom DVGW angegebenen Zahlentafeln für die Lichtweiten von Leitungen sind maßgebend, d. h. sie werden bei besonderen Anlässen als Unterlage für die Beurteilung dienen können. Ihre Befolgung ist daher dringend geboten.

Aber nicht nur die richtige Wahl der Leitungen ist vonnöten, auch ihre einwandfreie Verlegung. Die Forderung: „Schönheit der Arbeit" ist vielfach weit stärker auf die Ausführung von Gasinstallationen zu übertragen, als es geschieht. Vor dem Beginn der Rohrverlegung ist jedesmal erst die beste und zweckmäßigste Linienführung reiflich zu prüfen und festzulegen. Unnötige Rohrwege sind zu vermeiden, die Verwendung von Verbindungsstücken ist möglichst einzuschränken, die Leitungen sind zugänglich und übersichtlich, aber dennoch weitgehend geschützt gegen äußere Einwirkungen zu verlegen. Zu letzteren gehört z. B. auch, wenn in einem Keller, der als Kokslager dient, eine Leitung verlegt wird, mit der Koks und Feuchtigkeit in Berührung kommen; es liegt hier die Gefahr einer schnellen Korrosion nahe. Daher werden vielfach die Kellerleitungen durch Gaswerksbeauftragte revidiert, um ihren Zustand und evtl. Unzulässig-

keiten festzustellen und erforderlichenfalls Abhilfe durch den Haus-
besitzer zu bedingen.

Es ist immer zweckmäßig, die Rohre mit einem guten Schutzanstrich zu versehen.

Um die Beziehungen zwischen Rohrweite, Gasmenge und Druck
näher darzulegen, seien folgende Ausführungen aus der Schrift Prof.
Junkers: „Lehrmittel für das Installationsfach" wiedergegeben:
Das Gas wird unter dem Druck, der ihm durch den Druckregler
auf dem Gaswerk erteilt wird, in den Rohrleitungen fortgeleitet und den
Verbrauchsapparaten zugeführt. Durch die Reibung des Gases an den
Rohrwandungen entsteht ein Druckverlust, welcher möglichst niedrig
gehalten werden muß. Der Druckabfall ist abhängig von der Länge
und dem Durchmesser der Leitung sowie von der Gasmenge, welche
durch die Leitung hindurchströmt. Die Länge der Leitung ist auf den
Druckabfall nicht von so außerordentlichem Einfluß, da der Druck
proportional der Länge der Leitung fällt, d. h. bei doppelter, dreifacher
bzw. vierfacher Länge wächst der Druckabfall gleichfalls auf das
Doppelte, Dreifache, Vierfache usw., vorausgesetzt, daß Leitungsweite und Durchflußmenge des Gases sich nicht ändern. Anders ist
der Einfluß der durchfließenden Gasmenge auf den Druckabfall. Wird
die Menge des durchfließenden Gases erhöht, so wächst der Druckabfall nicht nur proportional, sondern im Quadrat, d. h. bei doppelter,
dreifacher bzw. vierfacher Gasmenge beträgt der Druckabfall das
4fache, 9fache bzw. 16fache unter der Voraussetzung, daß Länge
und Weite der Leitung gleichbleiben. Hieraus geht hervor, daß die
durchfließende Gasmenge auf den Druckabfall von ganz erheblich
größerem Einfluß ist, und wie wichtig es ist, bei Installationen die
Leitungen von vornherein mit genügender Lichtweite zu verlegen, da
sonst bei neu hinzukommenden Apparaten und damit vermehrtem
Gasverbrauch der Druckabfall bei zu gering dimensionierten Leitungen
ein so starker werden kann, daß ein gutes Arbeiten der Apparate
unmöglich ist. Da sich der Konsument dann sehr schwer entscheidet,
neue stärkere Leitungen verlegen zu lassen, ist dauernde Unzufrieden-
heit und schließlich der Abfall des Konsumenten die Folge. Die Mehrkosten, die bei einem etwas größeren Durchmesser bei einer neuen
Anlage entstehen, sind geringfügig im Verhältnis zu den sonst entstehenden Nachteilen. Die Weite der Leitungsröhren ist in bezug auf
den Druckabfall von noch größerem Einfluß als die durchgehende
Gasmenge. Der Druckabfall ist umgekehrt proportional der fünften
Potenz des Leitungsdurchmessers, d. h. also, wird der Leitungsdurch-
messer auf $\frac{1}{2}$, $\frac{1}{3}$ bzw. $\frac{1}{4}$ verringert, so beträgt der Druckverlust bei
derselben Gasmenge und bei derselben Leitungslänge das 32fache,
243fache bzw. 1024fache. Es besteht also zwischen Gasmenge und Leitungsweite eine bestimmte Beziehung; je größer die Leitungsweite,
desto größer ist die durch die Leitung gehende Gasmenge bei gleichem
Druckabfall. Sie wächst mit der 5/2-Potenz des Leitungsdurchmessers. Bei doppeltem, dreifachem oder vierfachem Durchmesser würde
demnach die Gasmenge das 5,6fache, das 15½fache bzw. 32½fache
betragen. Welchen Einfluß die Weite der Gasleitung auf die Gaszufuhr und Leistung der Verbrauchsapparate hat, geht aus Abb. 42 her-

vor. Hier ist ein Badeofen dargestellt, welcher an eine $^3/_4{}''$- und an eine $^5/_4{}''$-Leitung angeschlossen ist, beide von 10 m Länge. Der Druck am Anfang der Leitung beträgt 40 mm und fällt bei der $^3/_4{}''$-Leitung bis zum Badeofen auf 16 mm, dagegen bei der $^5/_4{}''$-Leitung nur auf 33 mm. Der Badeofen braucht zur Entwicklung seiner vollen Leistung 4 m³ Gas stündlich und läßt diese Gasmenge bei einem Druck von 30 mm am Eingang des Brenners durch. Wir sehen also, daß bei der $^5/_4{}''$-Leitung der Badeofen für die volle Leistung genügend Gas zugeführt erhält, während die $^3/_4{}''$-Leitung einen so starken Druckabfall

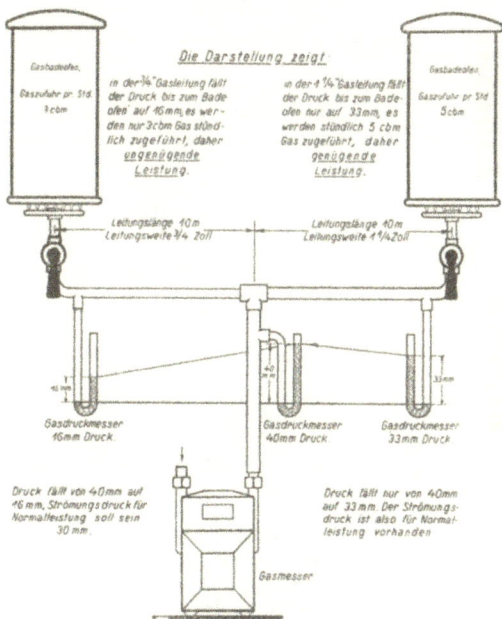

Abb. 42.

aufweist, daß der Badeofen nicht mehr ordnungsgemäß funktionieren kann, da bei dem Druck von 16 mm nur etwa 3 m³ dem Ofen zugeführt werden. In letzterem Falle würde also der Konsument mit Recht über schlechtes Arbeiten seines Badeofens klagen. In Abb. 43 ist der Einfluß der Leitungsweite auf den Druckabfall dargestellt, und zwar ist dabei angenommen, daß eine Gasmenge von 4 m³ eine aus drei einzelnen Rohrsträngen von 10 m Länge und $^1/_2{}''$, $^3/_4{}''$ und 1'' Durchmesser bestehende Leitung durchströmt. Der Einfluß der Leitungslänge zeigt sich in dem gradlinigen Abfall des Druckes, da ja der Druckabfall proportional mit der Länge der Leitung wächst. Der Druckabfall

8*

bei der ½″-Leitung beträgt auf 10 m Länge 32 mm oder je laufenden Meter 3,2 mm. Der Einfluß der Leitungsweite kommt dadurch zum Ausdruck, daß der Druckabfall bei gleicher Länge in dem 1″-Rohz 1 mm, in dem ¾″-Rohr 5 mm beträgt, während das ½″-Rohr einen Druckabfall von 32 mm zeigt.

In Abb. 44 ist dargestellt, welche Gasmengen durch Gasrohre verschiedener Weiten unter gleichen Druckverhältnissen gehen. In Abb. 42 war die Veränderlichkeit des Druckverlustes bei gleichen Gasmengen dargestellt, während hier die Veränderlichkeit der Gasmenge bei gleichem Druckverhältnis veranschaulicht wird. Es ist eine Gasleitung

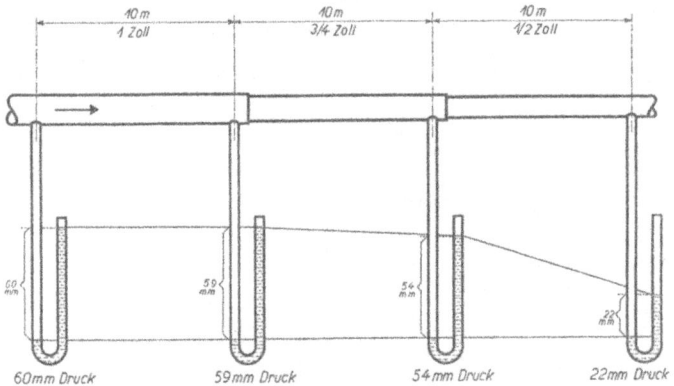

Abb. 43.

angegeben, in der überall gleicher Druck herrscht. An diese Hauptleitung sind mehrere Rohrstränge von gleicher Länge, aber verschiedener Weite, angeschlossen, aus denen an ihrem offenen Ende das Gas frei ausströmt. Die Gasmengen stellen sich von selbst so ein, daß der in der Hauptleitung vorhandene Druck in den einzelnen Rohrsträngen bis zur Mündung auf Null abfällt, also gleicher Druckverlust in den Rohren vorhanden ist. Beträgt die Länge der einzelnen Rohrstränge 10 m, der Druck der Hauptleitung 10 mm, so ergeben sich die in Abb. 44 angegebenen Gasmengen. Aus dieser Darstellung geht wiederum hervor, welchen Einfluß die Weite der Leitung auf die durchfließende Gasmenge hat. Es ist also notwendig, bei Anlagen die Rohre stets genügend stark zu wählen, und zwar so, daß sie auch noch möglichst für später hinzukommende Apparate ausreichen.

Das deutsche Gasfach hat für die Gasgeräte ein Gütezeichen: Din-DVGW eingeführt, mit dem alle Apparate versehen werden, die den Vorschriften des DVGW entsprechen. Es ist eine Qualitätsmarke, die Gewähr für einwandfreie und fachlich richtige Ausführung bietet, und daher für den Gasfachmann maßgebend sein soll. Widerrechtliche Benutzung wird straf- und zivilrechtlich verfolgt.

Das Gas hat die Grenzen von Küche und Haus längst überschritten. Die Bezeichnung der „Gasflamme als Werkzeug" weist treffend darauf hin, wie zahlreich die Verwendungsmöglichkeiten des Gases in Industrie und Gewerbe sind. Für die meisten stofflichen Umformungen, vom Rohstoff bis zur Fertigstellung, ist Wärme nötig. Die Erzeugung von Wärme, verbunden mit Schnelligkeit, Gleichmäßigkeit und Regulierbarkeit ihres Einsatzes, ist daher für fast jede industrielle und gewerbliche Tätigkeit ein unbedingtes und nicht ablösbares Erfordernis, das immer größer wird, je höher Leistung und Erkenntnisse steigen. Auf diesem ungeheuren Gebiet der Betätigung fällt dem Gas als Spender von Edelwärme eine bedeutende Rolle zu; es können mit ihm Temperaturen in den weiten Grenzen von 0° bis 1400° leicht und schnell erreicht, genauestens reguliert und innegehalten werden, was von größtem Vorteil bei jedem Wärmeprozeß ist. Dabei bedarf es keiner umständlichen Erzeugung der Wärme, das Gas ist stets betriebsbereit vorhanden. Um hier aber erfolgreich wirken zu können, tritt heute mehr als je an den Gasfachmann die Forderung heran, wärmetechnisch über das nötige Rüstzeug zu verfügen. Diese Forderung ist unablösbar; Gastechnik, Verbrennungs- und Wärmetechnik sind nicht mehr voneinander zu trennen.

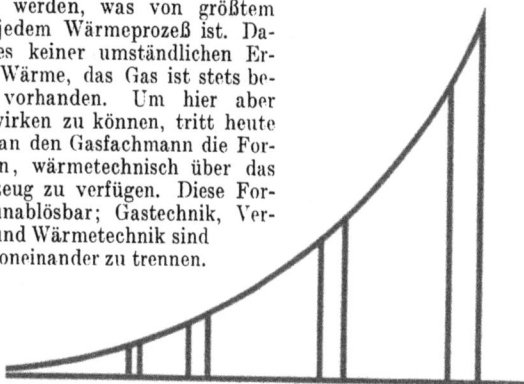

Weite der Gasleitung	3/8"	1/2"	3/4"	1"
Gasmengen in cbm	1	2	5½	11½

Die Abzweigrohre haben gleiche Länge. An den Abzweigstellen der Rohre herrscht gleicher Druck.

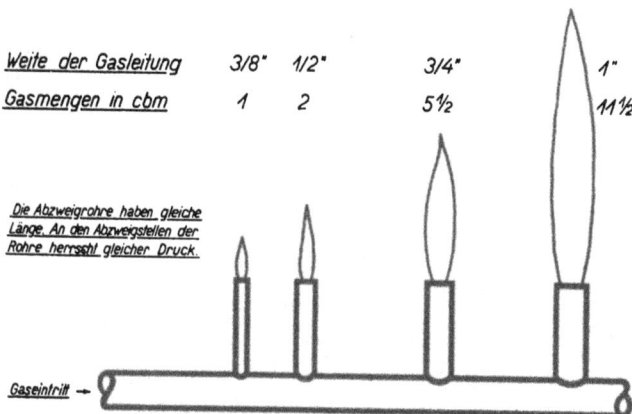

Gaseintritt →

Abb. 44.

C. Die Gasbeleuchtung, öffentliche und häusliche.

Die Gasglühlichtbeleuchtung ist von ihrer einstigen überragenden Stellung in Haus, Gewerbe und Industrie zurückgedrängt worden. Die elektrische Beleuchtung ist heute vorherrschend. Es ist aber verfehlt, wenn Gasfachleute der Auffassung sind, daß die Zeit der Gasbeleuchtung für Haus, Gewerbe und Industrie vorüber sei, sie ihre Aufgabe erfüllt und nun abzutreten habe. Selbst in Weltstädten und Großstädten, wie Berlin, Hamburg, Dresden u. a. sind noch etwa 20% der Haushaltungen mit Gasbeleuchtung versehen. In Küchen, Wohn- und mittleren Geschäftsräumen ist die Gasbeleuchtung noch immer bevorzugt vertretbar. Sie gibt ein warmes, wohltuendes und belebendes Licht, fördert die natürliche Zirkulation der Raumluft, ein nicht zu unterschätzender Faktor, der auch hygienisch von Bedeutung ist. Selbst bei längerem Brennen von Gaslampen steigt der Kohlensäuregehalt der Raumluft nicht unbegrenzt weiter, da durch das Atmen der Wände bald ein Ausgleich zwischen Außen- und Innenluft eintritt, dessen Größe von dem Temperaturgefälle zwischen beiden abhängt. Terres und Gruber untersuchten den Anstieg des Kohlensäuregehaltes der Raumluft beim Brennen von drei Lampen mit zusammen 400 l Stundenkonsum und einer Raumgröße von 48 m³ bzw. von 1 bis 3 Lampen von je 42 l Stundenverbrauch und einer Raumgröße von 57 m³. Der höchste Kohlensäuregehalt, der nach 12 h Brenndauer eintrat, betrug 0,395%, ein Gehalt, der hygienisch als unbedenklich zulässig erklärt wird.

Das Kennzeichen einer guten Beleuchtung ist nicht nur die Beleuchtungsstärke, sondern Gleichmäßigkeit, Blendungsfreiheit und Schattigkeit sind ebenso wichtige Faktoren. Unter „Schattigkeit" der Beleuchtung versteht man die Beleuchtungsstärke des abgeschatteten Anteils zu der Beleuchtungsstärke ohne Überschattung an der betreffenden Stelle. Schlagschatten erschweren das Erkennen von Gegenständen, wie auch völlige Schattenlosigkeit.

Das hängende Gasglühlicht ist nun vorzüglich zur Beleuchtung waagerechter Flächen geeignet, wobei auch der untere Teil senkrechter Wände noch genügend Licht erhält, somit als Einzelbeleuchtung in Wohn- und mittleren Geschäftsräumen eine vorzügliche Lichtquelle. Durch ansprechende Schirme und Glocken ist auch noch eine genügende Deckenbeleuchtung zu erzielen. Das stehende Gasglühlicht gibt das meiste Licht seitwärts, ist also zur Beleuchtung senkrechter Flächen geeignet, aber weniger für waagerechte; doch hat es für die Innenbeleuchtung seine Bedeutung verloren.

Die Lichtverteilungskurve einer Lichtquelle wird durch Photometrieren in Winkelabständen von 10 zu 10° erhalten. Die Abb. 45 zeigt die Lichtverteilungskurven eines Stehlichtbrenners und eines Hängelicht-Einbaubrenners. Man erkennt: die Lichtausstrahlung ist bei letzterem mehr nach unten, daher für die Beleuchtung waagerechter, bei ersterem mehr seitwärts, also für die Beleuchtung senkrechter Flächen geeigneter.

Als Hauptvorzüge der elektrischen Beleuchtung sind ihre leichte Schaltbarkeit und geringere Unterhaltung zu werten. Für Küchen,

Einzelwohn- und Geschäftsräume sowie für Werkstätten treten aber diese Vorzüge zurück, sind jedenfalls nicht so ausschlaggebend. Das hat die Praxis vielerorts gezeigt, besonders, wenn das Gaswerk durch systematische Kontrolle eine Überwachung der Beleuchtungsanlagen durchführt. Dabei ist darauf zu achten, daß neben einer genügenden Allgemeinbeleuchtung des Raumes auch eine gute Arbeitsplatzbeleuchtung vorhanden ist. Die Zugkettenbrenner mit Zündflamme gestatten ein jederzeitiges schnelles Ein- und Ausschalten der Beleuchtung, auch einwandfrei verlegte Druckluftzündungen haben sich bewährt.

Es kann also nicht zugestimmt werden, daß die Gasbeleuchtung abzutreten habe, im Gegenteil, durch aufmerksame Unterteilung der Beleuchtungsgebiete findet sich für sie noch manche Anwendungsmöglichkeit. Bei Ferndruckzündung der Straßenbeleuchtung aber ist es

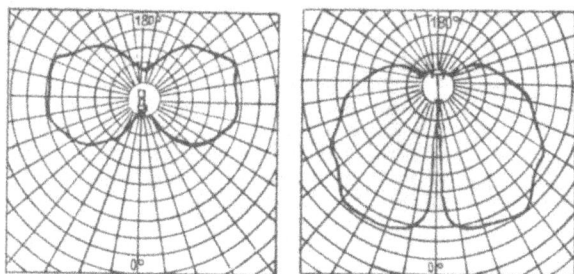

Abb. 45.

erforderlich, die Lampen mit einem Druckregler zu versehen, wenn nicht ein Regler für die gesamte Hausanlage eingebaut wird. Die Druckwellenzündung fällt bei der Innenbeleuchtung besonders unangenehm durch das Nachlassen der Beleuchtungsstärke und das Rauschen der Brenner auf, und führt zu nachteiliger Beurteilung der Gasbeleuchtung wie der Gasverwendung insgesamt. Hier ist noch manches zu bessern, wie überhaupt der Einbau von Hausdruckreglern für die einwandfreie Arbeitsweise der Gasgeräte bei Druckwellenzündung nicht nur erwünscht, sondern unbedingt notwendig erscheint. Für die verschiedenen Anwendungsgebiete stehen nicht nur lichttechnisch, sondern auch dekorativ vorzügliche Beleuchtungskörper durch die Industrie zur Verfügung.

In der öffentlichen Beleuchtung ist das Gas noch vorherrschend; mehr als 70% aller beleuchteten Straßen erhalten im gasversorgten Gebiet ihr Licht durch Gasgeleuchte. Die Gas-Straßenbeleuchtung kann direkt an das allgemeine Versorgungsnetz angeschlossen werden, besondere Zuführungs- und Schaltleitungen sind nicht erforderlich. Auch ist die Betriebssicherheit eine hohe, da bei Störungen nur einzelne Geleuchte, und nicht zu befürchten ist, daß davon ganze Bezirke betroffen werden. Zudem ist die Einrichtung bei dem bereits vorhandenen Rohrnetz wohl größtenteils mit geringeren Anlagekosten verknüpft.

Der sich immer mehr entwickelnde Verkehr erfordert besondere Sorgfalt bei der Einrichtung bzw. Neueinrichtung der Straßen- und Platzbeleuchtung. Bisher hat die öffentliche Beleuchtung den gesteigerten Ansprüchen an die Verkehrssicherheit nicht Schritt gehalten. Es kommt nicht auf eine stellenweise starke Beleuchtung an, sondern auf eine möglichst gleichmäßige, die auch durch schwächere, aber richtig verteilte Lichtquellen erreichbar ist. Bei zu großen Beleuchtungsunterschieden muß sich das Auge immer anderen Helligkeitsverhältnissen anpassen, was zu Unsicherheit und damit zu Verkehrsunfällen führt. Es kommt ferner nicht nur auf eine gute Waagerechtbeleuchtung an, sondern auch auf eine genügende Senkrechtbeleuchtung, die gestattet, auftauchende Gegenstände rechtzeitig zu erkennen. Zur Erfüllung dieser Forderungen kommt fast nur das Hängelicht und als solches vorzüglich der Pilzbrennereinbau in Betracht, der alte Stehlichtbrenner nicht.

Ist Blendung zu befürchten, so empfiehlt sich die Verwendung streuender Gläser für die Glocken; diese dämpfen das Licht und verteilen es gleichmäßiger. Blendung macht unsicherer als eine schwächere Beleuchtung, das beweist zur Genüge das grelle Scheinwerferlicht der Automobile. Besonders in hügeligen Städten wird die Blendwirkung der Straßenlaternen auf abfallenden Straßen oft unangenehm; hier sollten mehr lichtstreuende Gläser Verwendung finden. Bei diesen Gläsern wird allerdings eine Verminderung der Beleuchtungsstärke um 15 bis 20°/₀ in Kauf genommen werden müssen, was aber immer noch vorzuziehen ist, denn die Blendung wirkt, wie erwähnt, nachteiliger als eine schwächere Beleuchtung.

Um außer der erforderlichen Waagerechtbeleuchtung auch eine genügende Senkrechtbeleuchtung zu erzielen, und ferner eine Dämpfung der Blendwirkung zugunsten einer gleichmäßigeren Lichtverteilung, ist die Blohmglocke sehr gut geeignet; sie stellt eine einfache Lösung des Problems dar. Auch vom praktischen Standpunkt der Bedienung aus gesehen ist sie vorzuziehen, da Staub und Insekten, die Plage besonders in baumbepflanzten Straßen, sich nicht so ablagern können. Soll das Licht vorwiegend auf die Fahrbahn geworfen werden und nur eine schwache aber noch genügende Seitenbeleuchtung für die Gehwege wirksam bleiben, so kommen Reflektoren für gerichtetes Licht in Betracht. Hier hat sich der Zeiß-Spiegel sehr bewährt. Für Zeiß-Spiegel kommen Geleuchte von etwa 6, für Blohmglocken solche von etwa 4 Glühkörpern an in Frage.

Die Gasstraßengeleuchte sind vorbildlich weiter entwickelt worden sowohl lichttechnisch wie konstruktiv, und mit erhöhter Wirtschaftlichkeit. Sie werden unterschieden:

1. In Aufsatzgeleuchte, die auf den Lichtmast aufgesetzt werden,
2. in Hängegeleuchte, die an Lichtmaste oder Überspannungen angehängt werden und
3. in Ansatzgeleuchte, die an dem Ausleger des Lichtmastes angesetzt sind.

Auch architektonisch sind Geleuchte und Lichtmaste vorzüglich ausgebildet. Die Gruppenbrennergeleuchte enthalten 2 bis 15 Glühkörper; die Einrichtung ist so getroffen, daß sämtliche Glühkörper in Betrieb gesetzt, dagegen für die Nachtbeleuchtung ein Teil durch Druckwelle oder auch von Hand wieder gelöscht werden kann. Auch für die Straßengeleuchte empfiehlt sich der Einbau von Brenndruckreglern, besonders bei stark wechselnden Druckverhältnissen in Orten mit größeren Höhenunterschieden. Dies ist nicht nur brenntechnisch von Vorteil, sondern auch wirtschaftlich hinsichtlich Ersparnis an Gasverbrauch und von Glühkörpern. In letzterer Beziehung spielt die Zündflamme eine große Rolle. Zu groß eingestellte Zündflammen sind erhebliche Gasverschwender; das unnütz verbrauchte Gas könnte zur besseren Beleuchtung mancher anderen Stellen Verwendung finden. Die Kontrolle der Zündflammen auf richtige Einstellung ist daher geboten. Es sind Bestrebungen im Gange, durch besondere Zündflammenköpfe eine Minderung des Zündflammenverbrauchs zu erzielen. Ein Erfolg wäre sehr begrüßenswert. Durchschnittlich sollte der Gasverbrauch einer Zündflamme 8 bis 12 l stündlich nicht überschreiten.

Aber nicht nur die richtige Wahl des Geleuchtes, sondern auch die des Lichtmastes und des Aufstellungsortes ist für eine gute Straßenbeleuchtung gleich wichtig. Das gilt besonders für Straßen mit Baumbestand. Ferner ist bei der Einrichtung darauf zu achten, daß Zu- und Steigeleitungen nicht zu eng gewählt werden, nicht unter 33 mm, und leicht gereinigt werden können, z. B. durch Reinigungsstutzen am oberen Ende der Steigeleitung.

Die Einrichtung der Innen- und Außenbeleuchtung stellt in vielen Fällen weitgehende Anforderungen, wie schon die kurzen Ausführungen vorstehend erkennen lassen. In einem Taschenbuch für Gasingenieure, betitelt „Gasbeleuchtung" hat der Deutsche Verein von Gas- und Wasserfachmännern die lichttechnischen und beleuchtungstechnischen Grundlagen zusammengefaßt, und in klarer übersichtlicher Weise theoretisch und besonders auch ausführlich für die praktische Anwendung erörtert mit Beispielen für die Berechnung der Raum-, Straßen- und Platzbeleuchtung. Es sei auf dieses Werk eindringlich verwiesen. Bei der oft nicht einfachen Lösung kann weiter nur empfohlen werden, bei größeren und besonderen Anlagen den lichttechnischen Fachmann bzw. die führenden Firmen auf diesem Gebiete zu Rate zu ziehen, um Fehlergebnisse zu vermeiden.

Die Verbesserung der Straßenbeleuchtung ist heute eine vordringliche Aufgabe jeder Stadt- und Gemeindeverwaltung. Schon durch Ersatz der alten Stehlichtbrenner durch Hängelichtbrenner bzw. Einbaubrenner, läßt sich eine merkliche Verbesserung erreichen, die auch noch wirtschaftliche Vorteile infolge geringeren Gasverbrauchs mit sich bringt. Neben der lichttechnischen Verbesserung ist aber auch eine einwandfreie Instandhaltung vonnöten. Die dafür aufgewendeten Kosten dienen sowohl dem Interesse der Stadt wie auch dem des Werks.

Sachverzeichnis.

(* bedeutet, daß eine Figur dazugehört.)

Gasbeleuchtung

Taschenbuch für Gasingenieure. Herausgegeben vom Dtsch. Verein von Gas- und Wasserfachmännern e. V., Berlin. 93 S., 92 Abb. DIN A 5. 1937. In Leinen 4.50

Technische Vorschriften

und Richtlinien für die Errichtung von Niederdruckgasanlagen in Gebäuden und Grundstücken DVGW—TVR Gas 1938. 14. bis 20. Tausend. 54 S., 13 Abb. DIN A 5. 1938.
1.20. In Leinen 1.80

Gastafeln

Physik., thermodyn. und brenntechn. Eigenschaften der Gase und sonstigen Brennstoffe. Von Dr.-Ing. Horst Brückner. 160 S. Gr.-8⁰. 1937. In Leinen 12.—

Tankstellen für Stadtgas und Methan

Von Obering. A. Henke. 35 S., 16 Abb. Gr.-8⁰. 1936. 2.—

Jahrbuch für das Gas- und Wasserfach

(Früher Kalender für das Gas- und Wasserfach 1. Teil.) Herausgegeben vom Dtsch. Verein von Gas- und Wasserfachmännern e. V., Berlin. 463 S. Bezugsquellenverzeichnis, Kalendarium 1939. Kl.-8⁰. In Leinen 5.—

Einrichtung und Betrieb eines Gaswerkes

Von Direktor Alwin Schäfer unter Mitarbeit von Dipl.-Ing. E. Langthaler. 4. vollständig neubearbeitete Aufl. 819 S., 495 Abb. 6 Tafeln. Gr.-8⁰. 1929. In Leinen 39.60

Gasverteilung

Genormtes Stadtgas zwischen Erzeugung und Verbrauch. Herausgegeben von Dr. Wilhelm Bertelsmann und Magistratsbaurat i. R. Ernst Kobbert. Unter Mitwirkung von Dipl.-Ing. F. Flothow, Dr. H. Chr. Gerdes, Dr. techn. F. Schuster. 184 S. 50 Abb. 21 Zahlentaf. Gr.-8⁰. 1935. In Leinen 9.60

R. OLDENBOURG, MÜNCHEN 1 UND BERLIN